把排斥力变成吸引力，赢得黄金人脉

人生三气

赢在和气 | 毁在脾气 | 成在大气

安然之·编著

黑龙江科学技术出版社
HEILONGJIANG SCIENCE AND TECHNOLOGY PRESS

图书在版编目（CIP）数据

人生三气：赢在和气、毁在脾气、成在大气/安然之编著. -- 哈尔滨：黑龙江科学技术出版社，2020.4
ISBN 978-7-5719-0406-7（2021.8 重印）

Ⅰ.①人… Ⅱ.①安… Ⅲ.①人生哲学—通俗读物 Ⅳ.① B821-49

中国版本图书馆 CIP 数据核字 (2020) 第 030692 号

人生三气 赢在和气 毁在脾气 成在大气
RENSHENG SANQI YING ZAI HEQI HUI ZAI PIQI CHENG ZAI DAQI

编　著	安然之
责任编辑	马远洋
封面设计	书虫文化
出　版	黑龙江科学技术出版社
地　址	哈尔滨市南岗区公安街 70-2 号
邮　编	150007
电　话	（0451）53642106
传　真	（0451）53642143
网　址	www.lkcbs.cn
发　行	全国新华书店
印　刷	阳信龙跃印务有限公司
开　本	880mm×1230mm　1/32
印　张	6
字　数	94 千字
版　次	2020 年 4 月第 1 版
印　次	2021 年 8 月第 2 次印刷
书　号	ISBN 978-7-5719-0406-7
定　价	32.00 元

【版权所有，请勿翻印、转载】
本社常年法律顾问：
黑龙江承成律师事务所　张春雨　曹珩

编者的话

人生路漫漫，最怕碌碌无为、一事无成。我们每个人都不是天生的弱者，也没有人甘心一生平庸，成功虽然说起来简单，但真正成功的人却寥寥可数，为什么其中没有你呢，你是否思考过？

成功虽然看起来可望而不可即，但其实没有那么遥远。只要我们确定好方向，一步一步，踏歌前行，就没有到不了的远方。

不要期望成功会有捷径，也不要认为只要努力就能成功。成功不仅需要强大的信念，还需要矢志不渝的坚持，以及纵横捭阖的智慧。成功虽然没有捷径，但却有秘诀。

那么，成功的秘诀是什么呢？

是方法。

成功需要不懈的奋斗和努力，但有些人努力了也徒劳无功，为什么？因为他们的努力没有效果。想要左右逢源，想要心想事成,想要功成名就,就要通过各种途径去重塑自身,包括说话、办事、心理建设等。

为人处世是一门精深的学问,一言一行都有其道理。说话是我们与人沟通的重要方式,不在于说什么,而在于怎么说。做事能力体现了一个人交际能力的强弱,想要事成,就要深谙交际之道,编织好人际关系网。做人不简单,弄懂做人之道可受益一生。会做人,才能立身;会做人,才能广交朋友;会做人,才能办好事。

另外,心理状态也深藏玄妙,一颗心如果充满了负能量,郁郁寡欢,还斤斤计较,容不下,看不开,想不通,那么我们的人生也不可能顺遂。积极的心态是成功的加油站,只有元气满满,才能一往无前;只有不畏失败,勇往直前,才能所向披靡。

本书不仅包含了为人处世的智慧、成功的方法,还涵盖了修心以及读懂他人的方法,这些秘诀一定能稳住你彷徨的心,指导你去努力与拼搏,提升你的人生高度,改写你的命运。

愿本书能对你的人生有所帮助,帮你认清人生的真相,看清事实,找到通往成功的光明大道。

上篇 哪有什么天生好感，赢就赢在和气

第一章 和气者赢人心，处处好人缘 / 002

吸引人心的秘密 / 002

关照，最有力量的交际方式 / 005

你为什么不受人欢迎 / 008

说话要过脑子，何必惹人不高兴 / 012

友谊，不因一时之气说散就散 / 015

微笑是亲近别人的媒介 / 018

别人想要的，不过是一个尊重 / 024

不想讨人厌，就学着给人留面子 / 028

第二章 和气者不与人辩，气度非凡 / 031

别急着争辩，先想想再说 / 031

争论，也是有技巧的 / 034

人生三气 赢在和气 毁在脾气 成在大气

唇枪舌剑后，埋下的是"怨恨" / 038

争执根本不能解决问题 / 042

能退一步就退一步，何必争吵 / 046

第三章 和气者懂宽容，自有人情味 / 049

给对方让路，就是给自己让路 / 049

宽容的力量能绵延至远 / 051

对顾客宽容一些是有好处的 / 054

何为真正的宽恕 / 058

宽容是一种风度 / 061

谅解，让你更有人情味 / 064

宽容能化解一切矛盾 / 066

消灭敌人的最好方法 / 069

中篇 哪有谁天生招人烦，毁就毁在脾气

第四章 脾气会搞糟人际关系，不能不防 / 074

坏脾气是人际关系的破坏王 / 074

愤怒时，给心灵泡一杯柠檬茶 / 078

危险的怒火你要合理发泄 / 080

你的性格有缺陷吗 / 084

面对挑衅，你不妨微笑 / 086

第五章　脾气是情绪的恶化，说变就变 / 089

你的情绪，你要自己掌控 / 089

不要成为情绪的奴隶 / 092

让恶劣的情绪远离你 / 094

将不良情绪通通清理出去 / 098

第六章　脾气是心态的魔怔，能灭当灭 / 102

两种心态的天壤之别 / 102

心情的好坏，全看心境 / 105

写一个属于你的快乐计划 / 107

让微笑掩盖泪水，让悲伤消逝 / 113

有微笑的地方就有希望 / 117

扔掉那可笑的"自怜" / 119

下篇　哪有什么水到渠成，成就成在大气

第七章　大气者逆境求生，从不畏缩 / 124

苦难对强者来说根本不算什么 / 124

不在逆境中沉沦，只在逆境中求生 / 127

成功是失败的尽头 / 129

人生三气 赢在和气 毁在脾气 成在大气

　　失败并不能让强者退缩 / 133

　　即使命运不公，也可以活出灿烂 / 135

第八章　大气者不拘常规，思维灵动 / 137

　　逆向思维里藏着未知的奇迹 / 137

　　推陈出新与保持传统并不冲突 / 141

　　思维定式，怎知不能突破 / 144

　　"先出售，后建筑"不行吗 / 148

　　奇思异想也能赚钱 / 152

　　小心"常规"的陷阱 / 155

　　细节是创新之源 / 159

第九章　大气者放眼未来，杀伐立断 / 163

　　远见，能打开机会之门 / 163

　　勇于决断，人生自然与众不同 / 167

　　英雄险中求胜，懦夫坐失良机 / 171

　　先下手为强，后下手遭殃 / 174

　　勇气，将带你走得更远 / 177

　　看准了就行动，别拖泥带水 / 181

上篇

哪有什么天生好感，赢就赢在和气

第一章　和气者赢人心，处处好人缘

吸引人心的秘密

一个人如果能时时对人怀着善意，对他人表现出关爱和和善，那么他自身的吸引力就会在不知不觉中大增。

性情温和的人，往往能赢得他人的欢迎，也能得到他人的扶助。有些商人虽然没有雄厚的资本，却能吸引很多顾客，他们的事业与那些资本雄厚但缺少吸引力的人相比，进展必定更为显著。

在社交上，如果你能处处表现出友爱与和善的精神，乐于助人，那么就能使自己犹如磁石一般，吸引众多的朋友。而一个只肯为自己打算的人，会到处受人鄙弃。

慷慨与宽宏大量也是获得朋友的要素。一个宽容大度的慷慨者，常能赢得人心。

在社交上，还应说他人爱听的话，在谈话和做事的过程中，要发现他人的长处，而不去揭露他人的短处。那种习惯轻视他人、喜欢寻找他人缺点的人，是不可信赖的人，也不值得结交。

轻视与忌妒他人往往是一个人心胸狭隘、思想不健全的表现，也是一个人思想浅薄的表现，这种人不但不能认识他人的长处，更不能发现自己的短处。而有着健全的思想、对人宽宏大量的人，不但能够认识他人的长处，更能发现自己的短处。

好多人之所以不能吸引他人，是因为他们的心灵与外界是隔绝的，他们专注于自己。与外界隔绝的时间长了，便足以使自己陷于孤独的境地。

有这样一个人，几乎人人都不欢迎他，但他自己不知道是什么原因。即使他参加一个公众集会，人人见了他也都避之不及。所以，当别人互相寒暄谈笑、大家其乐融融之时，他一个人在屋中的一个角落独处。即使偶然被人家注意，片刻之后，他也依旧孤独地坐在一边。这类人好似冰块一样，就像没有吸引力的磁石。

这个人之所以不受欢迎，在他自己看来是一个谜。他具有卓越的才能，又是个勤勉努力的人，每天工作完毕后，也喜欢和同伴们在一起说说笑笑，但他往往只顾到自己的乐趣，而常常给人以难堪，所以很多人一看到他就避而远之。

但他未曾想到，他不受欢迎最关键的原因在于他的自私心理，自私乃是他不能赢得人心的主要障碍。他只想到自己而不顾及他人，一刻也不能把自己的事情搁起，来谈谈他人的事情，每当与别人谈话时，他总是要把谈话的中心集中在自身或自己的业务上。

一个人如果只顾自己，只为自己打算，那么就没有吸引他人的磁力，就会使别人对他感到厌恶，就没有一个人喜欢与他结交往来。

如果一个人真正对他人感兴趣，便有吸引他人的力量，而且对他人吸引力的大小，与对他人感兴趣的程度成正比。怎样才能对他人感兴趣呢？主要是要能够设身处地地为他人着想，能够推己及人，给他人以深切的同情。

其实，人生最大的目标，并不应限于谋生赚钱，更要把我们内在的力量、我们的美德发扬出来。这样，我们自然就会具有吸引他人的力量。

一个人要真正吸引他人,应该具有种种良好的德行。自私、卑鄙、忌妒都不能赢得人心,非但不能赢得人心,还会招人厌恶。所以,我们应该多给他人以关爱、同情、鼓励、扶助,这些东西不会因为我们的付出而减少,给别人越多,我们反而会收获越多。

关照,最有力量的交际方式

杰西克·库思是一个美国黑人,那时他在美国一家没什么名气的小报社里当记者。因为种族歧视,他在那家报社中四面楚歌,受人排挤,与别人交往更成了最令他头疼的事情。

哈默是著名的美国石油大王,他那时的名声早已享誉世界。这家小报社的总编派出几位记者去试试看能否采访到哈默,希望能以此作为卖点,提高报纸的销量。

杰西克便是被派遣出来的记者之一,他在心底默默立下誓言:这篇稿件一定要自己独立完成,让他们不敢再轻视自己。

那天深夜,杰西克终于等来了时机,他成功拦住了哈默,并恳请哈默接受自己简短的采访。

对于杰西克的软磨硬泡，哈默没有生气，只是和颜悦色地说："改天吧，我有要事在身。"

但好不容易等来机会的杰西克怎么可能就这样放过他？

哈默在无奈之下，只好答应回答他一个问题。杰西克反复思索了一下，想到了一个非常敏感的话题，于是他问道："为什么前一阵子阁下对东欧国家的石油输出量减少了，而您最大的对手对那些国家的石油输出量却有所增长，这与您如今的身份似乎并不相符？"

哈默依旧不愠不火，平静地回答道："关照别人就是关照自己。那些想在竞争中出人头地的人，如果能明白只需要付出些许理解与大度来关照别人，就能获得意料之外的收获的道理，那他们一定会后悔不迭。关照，是一种最有力量的方式，也是一条最好的路。"

采访结束后，杰西克还一直呆呆地站在那里，怅然若失。他觉得哈默的话大概只是在故弄玄虚来敷衍自己，当然那次采访也没有收到预想的效果。杰西克一直耿耿于怀，想要弄懂哈默那番不知所云的话的含义。

直到10年后，他在有关哈默的报道中读到这样一段故事——哈默在成为石油大王之前，曾经当过一阵子的逃难者。

某年冬天，年轻的哈默跟着同伴们一起流亡到美国南加州的一个名叫沃尔逊的小镇上，在那里，他结识了善良的镇长杰克逊。

毫不夸张地说，杰克逊镇长影响了哈默的一生。

那天，冬雨霏霏，镇长门前的花圃旁的小路变成了一片泥淖。于是行人就从花圃里穿过，花圃也因此变得凌乱不堪。哈默看到这样的情景觉得很可惜，便冲进了冬雨中，独自看护着花圃，让行人从泥淖中穿行。这时出去半天的镇长笑盈盈地挑着一担炉渣铺在泥淖里。

炉渣铺好后，人们便不再从花圃里穿行了。哈默愣住了，镇长语重心长地告诉他："你看，关照别人就是关照自己，有什么不好？"

看过哈默的故事，杰西克也终于理解了哈默当年那番话的含义。每个人的心就如同一个花圃，每个人的人生之旅就好比花圃旁的小路，而生活的天空又不是只有风和日丽，也有风霜雪雨。如果那些冒雨而行的人能有一条可以平坦通过的路，就没有人会去踩踏美丽的花圃，伤害善良的心灵了。

自此之后，杰西克在与人相处时变得真诚起来，他明白，缩短两颗敌视的心之间距离的最好方式就是理解和大度，关照则是两颗心之间的最美的桥梁。

同事们感受到了杰西克的真诚，也慢慢接纳了他，还给他起了一个毫无恶意的昵称——"黑蛋"。多年后，杰西克卸下报社主编的重担，一个人隐居在乡间安享晚年，那时，围着他蹦蹦跳跳的不同肤色的孩子们依然称呼他为"黑蛋"，因为这个名字更加亲昵，让他的邻居们都记不得他真正的名字了。

你为什么不受人欢迎

在与人交往时，我们常常容易犯随便指责别人的错误。"哎呀，你做得不对！""怎么连这点儿小事也办不好。"像这样的指责，在生活中随处都可以听到，然而随便指责别人并非什么好事，它会给你的人际交往带来严重的阻碍。

有一位先生，喜欢跟别人争辩，借以卖弄自己的学识，如果你不跟他争辩，他倒也不会来麻烦你、伤害你。

这位先生本身是一个很好的人，忠实、不说谎、不伪装，也从来不投机取巧，不做一点儿亏心事，更不占别人便宜。

像这样一个好人，怎么会不受别人欢迎呢？

原来他过分看重了自己，以为自己是个十全十美的人，以为人人都应该以他为模范、为导师。因此，他喜欢随时随地地去教训别人、指导别人。看见别人有一点点缺点，就加以批评、指责，像大人管小孩、老师对学生一样，摆出一副道貌岸然、神圣不可侵犯的神态，甚至常常有意地夸大别人的缺点，把别人的一时疏忽或无心的过失，说成存心不良或者行为不端。

同时他又不能容忍别人对他有什么不恭敬、不忠实之处。如果他吃了别人一点儿亏或受了别人一点点欺骗，那他就把对方当作罪大恶极、无耻之极的人，加以攻击、嘲笑、讽刺或谩骂。

只要想一下就可以知道这种人是多么令人讨厌，走到哪里都会激起别人的憎恶与反感。

一个人对自己要求严格，不做一点儿错事，这自然是十分正确的事，但不要因此就把自己看得太高，以自己的标准来要求别人，以为别人都是笨蛋，只有自己才是圣人。对别人的过失与错误，首先要分析他们犯错的原因，可能是受到恶劣环境的影响，可能是因为他们自己认识不清，也可能只是一时疏忽，有时还可能因为一心求好反而犯了错误。除了一些真正与人为敌的社会败类应该群起而攻之外，大多数人所犯的错误都是可以原谅，也都是可以改正的。对别人的错误，我们应该抱着与人为善的态度，在不伤别人自尊心的原则下，诚恳而婉转地加以解释与劝导，安慰他们的苦恼，鼓励他们改正，这样做对改善你的人际关系更有效。

1863年，盖茨堡战役开始了，7月4日晚上，李将军率着残部开始向南方溃退。李将军带着败兵逃到波多马克河边，面对前方高涨的河水与后方追击的政府军，李将军进退维谷，他们此刻已成瓮中之鳖。此役只要彻底击溃李将军的残余军队，内战很快就可以结束。对此良机，林肯信心十足地用电报命令维得将军："立刻出击，不用通知召开紧急军事会议。"随即又另派特使督促维得马上行动。

而维得将军呢？他完全违背了林肯的命令，先行通知召开紧急军事会议，而后又迟疑不决，一拖再拖。最后，河水退了，李将军带领军队越过波多马克河逃走了。

林肯闻知此事，勃然大怒，在失望、痛苦之余，林肯坐下来给维得写了一封信。信的内容体现了林肯内心极大的不满。

我亲爱的将军：

我不相信你不懂得因李将军逃走一事所导致的严重后果。

他本来在我们的掌握之中，而且，只要他一就擒，加上我们最近获得的胜利，战争即可结束。现在，战争可能会无限期地持续下去，上星期你不能顺利擒得李将军，如今他逃到波多马克河以南，你又如何能保证成功呢？我无法期望你改变形势，而我也并不期盼你现在会做得更好。良机已经失去，我实在感到无限的悲痛。

林肯在写完这封信之后，心里又产生了别的想法：无论如何，大错已经铸成，把这封信寄出，除了让自己觉得一时痛快以外，没有别的用处。维得会为自己辩解，会反过来攻击自己，这只能使大家都不愉快，甚至危及他的前途，以至于迫使他离开军队而已。

此时，如果说有人最有资格批评人的话，那个人就是林肯，可是他却没有那么做。惨痛的教训告诉他：尖锐的批评和恶狠狠的责备，所得的效果都等于零。

于是，这封信没有被寄出，它被永远收藏了起来。试想，如果维得将军读了此信会有何感想？又会有什么反应呢？如果你希望激起反抗，使人痛恨数年或至死难忘，那你就可以试试对人发表一些尖酸刻薄的批评，这样你的愿望就可以轻易实现了。

说话要过脑子，何必惹人不高兴

在社交场合中，一些人说话简直像不经过大脑一样，想到什么就说什么，这些话常常是不恰当的、没分寸的，结果不知不觉中就得罪了人。

宋光心地善良，乐于帮助人，可是，他却没有赢得别人的好感，为什么呢？原因是他说话经常得罪人。一次，他热心地为一个男同事介绍对象，他说："这个女孩个子长得高，而且也很漂亮，你去见见，我看你们俩挺合适的。"同事很感兴趣，就向他询问了这个女孩的具体情况。听他介绍完以后，同事觉得这个女孩条件不太适合自己，但同事不好意思对他直说，就委婉地对他说："我现在很忙，暂时还不想交女朋友，等以后再说吧！"他听同事这样说，知道同事不同意，就一副不高兴的样子说："你有什么了不起呀，这也不行，那也不行，你还想找什么样的？你真是太狂了。"同事一听这话，当时就生气地说："我现在就是不想交女朋友，你操哪门子心呀！不同意就是不同意，要是真的那么好，你自己处算了，反正你也没有对象呢。"其实，他为朋友介绍对象，不管成与不成，同事都应该好好地感谢他才对，可是由于他说话出口伤人，所以才引起了同事的不满。本来是一件好事情，他却没有把握好，反而得罪了人，真是"费力不讨好"。在现实生活中，像他这样的人大有人在。

一个女孩要到深圳去闯一闯，临行前，她去看望一个过去十分要好的朋友。当朋友得知她要到深圳发展时，不但没有鼓励她，反而嘲笑她说："你在这个小地方还没混出个样来，就要到深圳去发展？深圳就缺你呀！那是什么地方！走到街上迎面遇到三个人，两个本科生，一个博士生！中专生到那里怎么混啊！我看比你强的人，出去的也没几个发展好的，你还是好好想一想吧！作为朋友我提醒你，要看清自己有多大本事。"女孩听了这话很是生气，起身离开了朋友的家。

作为朋友，在这个时候即使不说鼓励的话，也不应该泼冷水，这会伤害朋友的自尊心，影响日后的交往。

其实，像他们这样的人，品质并不坏，坏就坏在没有掌握说话的分寸。除非他们不说话，只要一开口就得罪人，久而久之，人们从心底不愿再与这样的人来往。

在与人交往中，想要不得罪人，就要注意说话的分寸，多站在他人的立场上考虑问题，为他人着想，尽量不要触怒对方，否则不利于自己的人际交往。同样一句话，在不同的场合，所起的作用完全不同。一个在社交场中游刃有余的人，深知在不同的场合，哪些话该说，哪些话不该说。

小雪是福建人，来京3年多了，几天前处了个对象，条件非常好：家在本地，有房有车，人品长相都不错。同事们都十分羡慕她，说她找了一个好对象，纷纷祝贺她。可是有一个同事却说："你条件也不太好啊，怎么偏偏找了一个条件这么好的？是不是这个人有什么毛病？"小雪本来很愉快的心情，被她这突如其来的话就给破坏了。一个同事赶紧打圆场说："你怎么能这么说人家呢？咱们小雪条件也不差呀，皮肤又好，又苗条，性格又好，单凭这一点，什么样的找不着啊！"那个泼冷水的同事知道自己说错了话，不好意思地说："我不是那个意思，真的，小雪，你可别误会。我觉得你男朋友条件太好了，与你的条件太悬殊了，我只是觉得有点儿不可思议。"小雪很生气："你说来说去，还是在贬低我！怎么啦？我家条件是没有他家好，那又怎么样？他就是看上我了，有什么奇怪的！我看你才是有毛病呢！"

这个泼冷水的同事其实也没有什么恶意，就是不知道把握说话的分寸。不知道哪些话该说，哪些话不该说，这么几句话，就把人家给得罪了。假如她真的这么认为，也不该说出来，心里知道就行了，她要是不说话，谁也没有把她当哑巴看，何必说出来，惹得人家不高兴呢？闹得自己没有台阶下。在与人交往时，说话一定要有分寸，三思而后言，少说别人不爱听的话，以免触怒对方，影响人际关系。

友谊，不因一时之气说散就散

朋友之间健康的关系应该是双方都愿意承担各自的责任，并珍视他人的自由。健康的人际关系应建立在愿意承担责任而不是逃避责任的基础上。如果你能为错误和失败承担责任，他人就会为你的道德品格所折服。然而，如果你经常为你的错误和失败逃避责任，那么，你与对方的关系就不会存在信任和善意。也就是说，在交往的过程中，如果两个人都只为自己着想，期望他人能为自己做点儿什么，而不考虑自己应该为对方做点儿什么，那么，这种关系就不会顺利发展，必然会矛盾重重。健康和谐的友情应该建立在利益共享、互相帮助的基础上，而不是一方付出，一方获得的基础上。了解他人，体恤他人，这是你应该具备的能力，这样便可以激发你对他人的爱、同情和理解，而这些情感是形成朋友之间的深厚友情的核心。

需要朋友的帮助，要先给朋友帮助。对朋友要一心一意，如果一味地苛求或责怪朋友，那就"有所不足"了，这个时候，就要努力纠正自己。一位哲人说："凡事皆贵专。求师不专，则受益也不入；求友不专，则博爱而不亲。"人生在世，所做的事都要专心、专一，若不然，学习知识的时候就学不进东西；对待朋友不专，虽然朋友多，但也都不会亲近自己。由此看来，不仅是在处理朋友关系上，在社交过程中，对他人也不能苛求。

孔子曰："可与共学，未可与适道；可与适道，未可与立；可与立，未可与权。"也就是说：可以和朋友一起学习，但不一定可以和他趋向正道；可以和他趋向正道，也未必可以和他有相同的道德品质；可以和他有相同的道德品质，也未必可以和他权衡世事。所以，对待自己的朋友，不能片面地苛求他都与你相同，如果过于偏激，就会伤害到朋友。

小张和小李是多年要好的朋友，大学毕业后进了同一家公司。有一天，小张因为工作没做好，被老板大骂了一顿，为此情绪很低落。看到小张一个人闷闷不乐地坐在沙发上看报纸，小李就知道可能小张工作中出了什么问题，挨了老板的批评。偏巧这时要打扫办公室，小李也就没让小张和自己一起收拾。

小李收拾茶几的时候，不小心把小张的茶杯碰到地上摔碎了。这茶杯是小张的舅舅从美国捎回来的，小张一直把它视为珍宝，而现在成了一堆碎片，当下脸就拉长了。小李马上说了对不起，可小张还是抱怨，小李的火气一下子也上来了，说道："不就是一个杯子吗？你发什么脾气啊，难道朋友连个杯子都不值吗？不要受了老板的气就来给我脸色看，拿朋友当出气筒算什么英雄好汉！"

本来工作中的麻烦就够令小张痛苦和沮丧的了，这时又在这么多同事的面前被小李嘲讽挖苦了一番，他心里很不好受，说道："你小李在老板面前得宠了，还能把谁放在眼里！"小李也不经考虑，反驳道："那是，说不定我哪天就当主管了。"此时，随着情绪的失控，两个人都偏离了就事论事的轨道，越吵越厉害。小张趁小李不注意，拿起小李的杯子也摔在地上。一对朋友就因为这样一件小事而争吵不休，最终两人的朋友关系也结束了。之后，小李不在这家公司了，路上遇到的时候，两人就当是陌生人，看都不看对方。

一对本来要好的朋友，因为都不懂得相互谦让，不知道理智地谦让对方，言行举止也走上了偏激，最终只得散伙。如果当时有一方能够平心静气地处理这件事情，也就不会产生这样的后果了。

俗话说多一个朋友多条路，意思是说朋友越多越好。如果是志同道合，这样的朋友当然是多多益善；如果志不同道不合，那就是乌合之众，也就算不得是朋友。有真心相交的朋友是好事，但绝对不能像故事中的小张和小李那样彼此苛求。当想抱怨或苛求朋友的时候，先从自己身上找原因，不能盲目地只从朋友身上找原因。

微笑是亲近别人的媒介

在台湾的一个博物馆里，有这样一个牌子，上面写了两句话。前面一句是"本馆有摄像监视"，按照我们通常的理解，后面的一句话应该是类似"如有偷盗，罚款×元"这样的警示语言，但实际上后面的一句话是："请你随时保持微笑！"出乎意料之余仔细想想，博物馆这两句话让我们不由赞叹这从容而又有风度、充满善意的忠告。

给他人一个小小的微笑,就能传达"你好!希望你快乐!"这样的信息。如果我们脸上随时面带微笑,那么周围的人会投桃报李,会有更多的笑容向我们绽放。当人们置身在这微笑的海洋中时,人与人之间的陌生和隔阂就会冰雪消融,就会感觉到春风习习、暖意融融,自然就难以干那种"顺手牵羊"的事情了。

当我们向别人微笑时,实际上就是以巧妙的方式告诉他人,你喜欢他,你尊重他,这样就容易博得别人的尊重、喜爱与信任。人人多一点儿微笑,世界也就多了一些安详、融洽、和谐与快乐。因此,英国诗人雪莱说:"微笑,实在是仁爱的象征,快乐的源泉,亲近别人的媒介。有了笑,人类的感情就沟通了。"

有一位叫珍妮的小姐去参加美国联合航空公司的招聘,她没有任何特殊关系,完全凭着自己的本领去争取。她被录取了,原因就是她的脸上总带着微笑。后来,那位人事经理微笑着对珍妮说:"我宁愿雇佣一名有可爱笑容而没有念完中学的女孩,也不愿雇用一名摆着生硬面孔的管理学博士。小姐,你最大的资本就是你脸上的微笑。"

人生三气 赢在和气 毁在脾气 成在大气

一副微笑的面孔就是一封介绍信，我们为人处世要做到心态平和，乐观向上，善待人生，这样才会自然地流露出真诚的笑容。真诚的微笑最能打动人心，会使我们产生一种无形的亲和力与人格的魅力，甚至还能给我们带来巨额的财富。卡耐基就曾说过："微笑不花费什么，但却永远价值连城。"

装潢富丽的科尼克亚购物中心即将开业的时候，让经理犯难的是，导购小姐工作装的款式迟迟没有定下来。他望着7家服装公司送来的竞标样品，尽管设计得各有特色，但他还是感觉缺了点儿什么。为此他不得不打电话向他的老朋友——世界著名时装设计大师丹诺·布鲁尔征求意见。这位83岁的老人明白朋友的意思后，说："穿什么制服并不重要，只要面带微笑就足够了。"靠着微笑服务，科尼克亚成了巴黎最大的购物中心。

美国著名的"旅馆大王"希尔顿也是靠微笑成就事业的。当初希尔顿投资5000美元开办了他的第一家旅馆，资产在数年后迅速增值到几千万美元。此时希尔顿得意地向母亲讨教现在他该干什么。母亲告诉他："你现在去把握更有价值的东西，除了对顾客要诚实之外，还要有一种更行之有效的办法，一要简单，二要容易做到，三要不花钱，四要行之长久——

那就是微笑。"于是希尔顿要求他的员工不论多么辛苦，都必须对顾客保持微笑。"你今天对顾客微笑了没有！"是希尔顿的名言。他有个习惯，每天至少要与一家希尔顿旅馆的服务人员接触，在接触中他向各级人员问及最多的也是这句话。即使在美国经济萧条的1930年，全美的旅馆倒闭了80%，希尔顿的旅馆也连年亏损，但希尔顿仍要求每个员工："无论旅馆本身遭遇如何，希尔顿旅馆服务员的微笑永远是属于旅馆的阳光。"微笑不仅使希尔顿公司率先渡过难关，而且还带来了巨大的经济效益，使其发展到了在世界五大洲拥有70余家旅馆，资产总值达数十亿美元。

人什么时候最美？就是在脸上浮现一丝微笑的时候！微笑是一种含意深远的身体语言，是沟通人与人心灵的渠道。它可以缩短人与人之间的距离，化解令人尴尬的僵局，可以使别人从见到你的第一分钟起，就自然而然地产生一种安全感、亲切感、愉快感。微笑就是如此富有魅力，如此招人喜爱。每一个发自内心的微笑，所具有的神奇力量往往是无法估量的。

玛丽小姐打开门时，发现一个持刀的男人正恶狠狠地盯着自己。玛丽灵机一动，微笑着说："朋友，你真会开玩笑！

是推销菜刀吧？……"她边说边让男人进屋，接着说："你很像我过去的一位好心的邻居，看到你真的很高兴，你要咖啡还是茶……"本来脸带杀气的男人慢慢变得腼腆起来，有点儿结巴地说："哦，谢谢！"最后，玛丽真的买下了那把明晃晃的菜刀，男人拿着钱迟疑了一下走了。在转身离去的时候，他说："小姐，你将改变我的一生！"

如果说这个故事无法考证真伪的话，那么《小王子》的作者安东尼·圣艾修伯里的经历却是千真万确的，微笑将他从鬼门关中拉了出来。

第二次世界大战前，圣艾修伯里参加西班牙内战，打击法西斯分子，后来陷入魔掌。在监狱里，看守监狱的警卫一脸凶相，态度极为恶劣。圣艾修伯里认为自己第二天绝对会被拖出去枪毙，于是陷入极度的惶恐与不安中。他翻遍口袋找到一支香烟，却找不到火柴。他鼓起勇气向警卫借火，警卫冷漠地将火递给了他。

那刻骨铭心的一瞬间被圣艾修伯里用细腻的文笔记录了下来："当他帮我点火时，他的目光无意中与我的目光相接触，这时我突然冲他微笑了一下。我不知道自己为何会有这般反应，在这一刹那，这抹微笑如同鲜花般打破了我们心灵之间的隔阂。受我的感染,他的嘴角不自觉地也现出了笑意,虽然我知道他原无此意。他点完火后并没有立刻离开,两眼盯着我瞧,脸上仍带着微笑。我也以笑容回应,仿佛他是个朋友。他看着我的眼神也少了当初的那股凶气……"

随后,两人聊了起来,对家人的思念和对生命的担忧使圣艾修伯里的声音渐渐哽咽。后来,看守一言不发地打开狱门,悄悄地带着圣艾修伯里从后面的小路上逃之夭夭了。

微笑,就这样创造了生命的奇迹。

笑容是一种令人感觉愉快的面部表情,它可以缩短人与人之间的心理距离,为深入沟通与交往营造温馨和谐的氛围。因此,有人把笑容比作人际交往的润滑剂。而在笑容中,微笑最自然大方,最真诚友善,是人类最美的表情。微笑虽然只是一个简单的表情,却可以表达多种积极的含义:歉意、支持、赞赏、安慰、关怀……因此,我们最应当问自己的一句话就是:"我微笑着吗?"

为什么要随时面带微笑呢?因为保持微笑至少有以下几个方面的作用:一是放松身体。当你在生活中处于紧张状态时,在脸上漾出一个微笑,就能够化解自己的紧张。二是能够放松人的心理,放松人的情绪,放松紧张的思维状态。三是能够缓解痛苦、哀伤、忧愁、愤怒、难过、压抑等不良情绪。四是能够使一直处于紧张、僵化状态的思维松动，甚至创造出灵感。五是能改善你的人缘，给你带来朋友，为你增加人生的机会，让你更容易成为一个成功者。

当今社会，竞争越来越激烈，人们的压力也越来越大。在这种情况下，很多人已经笑不出来了，即使勉强笑一下，也是皮笑肉不笑，笑得比哭还难看。只有那些心态平和、与人为善的人，才能真正从内心深处发出真诚的微笑。因此，想要自己的微笑感染他人，还是先将心态调整平和吧！

别人想要的，不过是一个尊重

我们从小就从各种渠道得知尊重的重要性，但我们真的尊重别人了吗？

许多人都学过作用力与反作用力的理论，这个理论指出，无论你向一个物体施加多大的力，这个物体都会反馈给你一个大小完全相等的力。其实，这个理论不仅适用于物理学，在人际交往中也同样适用。当你对别人多一分尊重时，别人对你的尊重也会多一分。下面是由两个著名谈判专家讲述的小故事，它便说明了这个道理：

我和一位同事去曼哈顿出差，那天早上的第一个约会并不是特别早，因此我们可以从容地吃顿早饭。在等待上菜的时间里，我的同事想要看报纸，便出门去了报亭。5分钟之后，他空手回来了。他摇摇脑袋，含糊不清地小声咒骂着。"怎么了？"我问。他回答说："我本想在对面那个报亭买报纸，可在我给对方递过一张10美元的纸币后，他非但不给我找钱，反而从我腋下抽走了报纸。我正在纳闷儿这是怎么回事，他就开始教训我，说在这种人流量高峰期，他没时间给别人换零钱。"

在吃饭的过程中，我的同事一直对这件事念念不忘，觉得这里的人都太过傲慢，是"品质恶劣的家伙"，他还说以后再也不让任何人给找10美元的纸币了。饭后，我们讨论决定，由我去试试看能不能从对方手中得到报纸。我的同事在饭店门口观察情况，我则直接走了过去。

当报亭主人转向我时，我微笑着说："先生，对不起，我不知道你能不能帮个忙。我从外地来，需要一份《纽约时报》。可是现在我没有零钱，只剩一张10美元的纸币了，我该怎么办？"他毫不犹豫地把一份报纸递给我道："拿去吧，找开零钱再给我!"

我高兴地拿着我的"战利品"得胜归来。我的同伴摇了摇头,还给这件事取了个代号——"五四街上的奇迹"。

我说道:"为我们这次出差任务又多得一分,一切在于方法。"

这个故事充分说明了此前所说的道理,尊重对方是你赢得良好合作的保证。在这种情况下,人们能建立起公平和信任,能互相交换实情、态度、感情和需要,有了这种自由的相互影响和共同分担后,就能够想出突破性的解决之法,让双方在合作中都获利。

例如,20世纪40年代中期,休斯制作了一部名叫《做剥夺权利者》的电影,珍·拉塞尔是电影的女主角。她是一位非常美丽的黑人女郎,令人印象深刻。

那时,休斯对拉塞尔很着迷,因此以100万美元的年薪雇用了对方。

12个月之后,拉塞尔理所当然地说:"我想要拿到我应得的工资。"休斯说他没有现金,想要以不动产来等值抵扣薪水。拉塞尔需要交纳所得税,所以她不听对方的辩词,一心只要现金。休斯继续向她说明他现在资金周转不灵,要她等一等。而拉塞尔一直指出合同的法律性,上面清晰地写有年底付款的条款。

双方无法达成一致，便一直争执不休。他们变得敌对起来，沟通、交涉也都不再亲自出面，而是通过律师。原本亲密的关系变成了胜败争斗的关系。外界都说，他们只能通过法律途径来解决了。而如果真的上了法庭，大概只有律师能够从中获利。

这一冲突后来是怎样解决的？事实上，拉塞尔很聪明地对休斯说："啊，你和我是不同的个体，我们的奋斗目标是不同的，那么我们能不能试着去信任对方，了解对方的需要，最终达成共识呢？"他们确实这样做了，于是双方以合作者的身份出现，最终他们妥善地解决了之前的纠纷，双方的需求都得到了满足。

原来，他们将原来的合同改为每年付5万，分20年付清，合同上的金额不变，但时间变了。调整过后，休斯不必再担心资金周转的问题，而且得到了一笔利息；而拉塞尔的所得税则会逐年分期交纳，需要交的费用也降低了一些。另外，要知道，演员这一职业一般不是很保险，而她此后20年每年都有了一笔收入，她就不必为每日的财务问题操心了。她既保住了面子，又取得了胜利。当我们在与休斯这类的怪人往来时，即使自己站在了正确的一方，也无法取得胜利。但在这个事件中，拉塞尔和休斯可以说都是胜利者。他们之所以能够获得胜利，是因为他们都在寻求合作，尊重了对方的意愿。

不想讨人厌，就学着给人留面子

与人交往充满了学问，给人留面子便是其中重要的一课。想要在不冒犯对方或不引起对方反感的前提下改变对方的观点，给人留面子是最好的办法。

杰克在电气部门工作的时候游刃有余，但后来调到计算部门当主管后，却发现非其所长，不能胜任，公司察觉到后想要改变这个情况。毕竟他是个不可多得的人才，公司不想打击他本就敏感的自尊心，于是，公司又给了他一个新头衔：电气咨询主任工程师，工作性质仍与最初一样。计算部门则交给了更加适合的人。

杰克当然很高兴，因为他既得到了提升，又从事着自己喜欢的工作。

公司领导也很高兴，因为他们既维持了公司风平浪静的氛围，又成功地调遣了敏感的杰克，这就是保留面子的功效。

在为人处世的过程中，为他人保留面子是非常重要的事情，可人们却很少会考虑到这个问题。摆架子、我行我素、在大庭广众之下指责孩子或雇员等行为，已经成了很多人习以为常的事情了，这些人从来没有考虑过别人自尊心的问题。其实，只要多考虑几分钟，讲几句关心的话，为他人设身处地地想一下，就可以避免许多不愉快的场面。

所以，当孩子或是雇员犯了错，你必须指责甚至解雇对方的时候，请一定要给人留下颜面。

美国曾有一位会计师说过这样的话："解雇别人并不有趣，被人解雇更不有趣。我们的业务是季节性的，所以，在结束所得税申报高潮之后，我们就不得不解雇许多人。

"在我们这个行业里流行着这样一句话：没有人喜欢挥动斧头。所以，大家逐渐变得麻木起来，只希望事情赶快过去就好。通常，例行谈话是这样的：'请坐，先生。旺季已经结束了，你已经没有什么工作可以做了。当然，你早就清楚我们的雇佣关系只维持到旺季结束，因此……'

"这种谈话会让当事人失望，而且有种损害尊严的感觉。所以，除非不得已，我绝不直言解雇之事，而是委婉地说：

'先生,你已经很好地完成了你的工作(假如他确实表现出色)。上次我们要你出差,那工作很麻烦,而你处理得很好,一点儿也没有差错。我们希望你知道,公司对于能够拥有你这样优秀的员工感到很荣幸,我们对你的能力没有丝毫疑虑,愿意永远支持你,希望你别忘了这些。'这样一来,被遣散的人觉得好受多了,至少不觉得'损害尊严'。因为我的话语令他们感到安心,他们知道如果我们有需要,应该还会再去找他们。这样等我们又需要他们的时候,他们还是很乐意再回来。"

即使我们是对的,错在别人,也要给对方保留面子,否则就可能毁了一个人。

第二章 和气者不与人辩，气度非凡

别急着争辩，先想想再说

在人际交往中，每个人都会遇到自己的观点得不到别人认同的时候，大至思想观念、为人处世之道，小至对某人、某事的看法，这些认识和看法的差异，很容易引发人与人之间的争执与辩论。

从某种意义上来说，争辩的过程其实是寻求真理的过程。通过争辩，可以使正确的一方更加坚持自己的观点，也可以使错误的一方改变认识，以正确的态度看待某件事情。

但事实却是，在争辩的过程中，双方都想推翻对方的观点，树立自己的观点。基于这种心理，大家唇枪舌剑、互不相让，使争辩成了一种带有"敌意"的语言行为。因此，想通过争辩建立良好的人际关系的愿望很难实现。

但是，如果你能够在论辩之前多投入一些思考，在论辩结尾搞好"善后"工作，就能使你在辩论这种特殊的交际场合，既做到探求真理，又不伤和气。

我们应该避免无益的争辩。当你意识到自己的想法、意见与人相左时，当你的言行遭人非议时，你的第一反应大概就是奋起辩驳。许多毫无意义的事情往往就在这种情况下发生了。为了避免无益的辩论，此时，你需对如下问题进行冷静的思考：

1. 对方是充满敌意的吗

如果是，那么在这种非理性的氛围中最好不要再火上浇油。同样，如果你处于这样一种心境，绝对不要向对方提出论题辩论，因为此时你提不出理性的论点，在辩论伊始，就注定了你失败的命运。

2. 争辩成功对你有什么好处

如果没有什么积极意义，大可不必动用你的"唇枪舌剑"，一笑置之最妙。同样，你向别人提出"挑战"的时候，一定要选择有价值的，通过争论使自己和他人都能受到启发和教育的问题，不必在那些细节琐事上做文章。

3. 促使你争辩的欲望到底是理智还是情感

如果是情感（比如，虚荣心、表现欲或者面子问题）原因，大可就此打住。同样，我们向人提出问题是否有感情的因素？如果有，就同辩论的实质——探求真理背道而驰了。所以最好别去做这种不积极的暗示，从而把他人引入无谓争辩的歧途。

我们应该使争辩成为一种愉快的、和平的思想交换，辩论是为了明是非、求真理。只要我们的辩论出自公心，就能采取积极的态度，使用积极、文明、恰当的辩论语言去参加辩论。

1. 树立正确的辩论价值观

即为追求真、善、美而去积极地争辩。做到观点正确，旗帜鲜明。

2. 做到晓之以理、动之以情

用真情、善意、美感与人辩论，就能做到晓之以理、动之以情。理与情恰恰是通往"积极争辩"的双轨，缺一不可。

3. 树立正确的辩论道德观

把辩论置于科学的基础之上，以理服人，让事实说话。辩论者要有高深的涵养；不搞诡辩，不揭隐私；不搞人身攻击；不把观点的敌对引申为人际的敌对；不靠嗓门儿压人。如果你能用有节有制的音调语气说出你的道理，其效果不亚于贯耳"之雷"。

争论，也是有技巧的

在与他人的意见产生分歧时，要想获得对方的认可，将自己的观点灌输给对方，关键在于你能否不露痕迹地将自己的想法灌输到对方的潜意识之中。在对方的潜意识之前，有所谓"检阅层"的哨兵在监视着。因此，如果你得罪了这个"哨兵"，那么无论你再怎样努力，对方也不会放你通行了。为了不得罪这个"哨兵"，顺利地通过这一关，我们应该注意以下方面。

1. 留心倾听对方的观点

在与人交流时，倾听是很重要的事情。你不妨先仔细听听对方的想法和观点，找到它与你的观点的相同点和不同点。如果弃对方的观点于不顾，对方总会感觉受到了轻视，因此态度也就逐渐变得强硬起来了。而且，人都有一种欲望，那就是尽量把心中的迷茫倾吐出来。当这种欲望未得到满足时，是无法去倾听别人的意见的。所以，当你想要使对方接受自己的想法和观点时，不妨先留神倾听对方的话语。如果可能的话，最好能够就对方的意见温和地提出自己还未能理解的地方，看看对方是否还有补充说明。

2. 在受到质问后，不要立即回答

每每受到质问，人们下意识的反应是马上否定，但这样做其实并不是最好的应对方式。这时，你不妨先看看对方的脸，想一会儿再答复。如此一来，就能给对方一种满足感，让他认为他的话语值得你细细思索，平复他躁动的心情，这样情势就会对你有利。另外，即使你一定要反对对方的想法，亦不应立刻提出反对之语。因为这么做的话，你就等于是在告诉他："你的想法毫无考虑的价值，根本不足为信。"

但是，要注意，只要稍微停顿一下就行了。如果你停顿得太久的话，对方会认为你不肯明确答复，或想避重就轻，甚至误以为你不屑或是不想回答他的质问。

3. 不要总想着否定对方

在与人发生分歧时，所有人都会觉得自己的想法才是对的，而对方的想法则非常荒谬，甚至是完全错误的。其实不管是何种争论，每个人都有正确的意见，也有不正确的想法。因而，倘若你与其他人发生争论，那么不妨对某一个无伤大雅的意见让步，如此一来，对方也能感受到你的善意，态度软化下来，也会对你的某些意见进行让步。

4. 语气要温和

与人争论时，一定不能感情用事，也就是说，当对方提

出反对意见时，我们千万不能想着让对方马上接受自己的意见，于是情绪激动地和对方展开争论，甚至采取过火的态度。这种方法是不会取得很好的效果的。因为人们通常会对这种过激的态度产生坏印象，自然也就不可能因此转变自己的想法了。

相较而言，倘若你能平心静气地说出自己的观点，那么也许会取得意想不到的效果。同时，千万别摆出"这是绝对错不了的"的态度，最好能够以"我的想法或许有错"的谦逊态度来与对方沟通，这样一来，也许对方就会慢慢听进你的想法，在不知不觉中接受你的观点。

在这种双方都有些急躁的场合下，你可以使用"是的……然而……"的说话技巧。例如，你可以委婉地说："是啊，在您刚才说的那一点上，您的意见十分中肯，不过除此之外，您觉得这样的方法怎么样？……"或者："您说的不无道理。不过，采取×××的方法，不是更好一些吗？"

怎么样？你已经掌握这种方法了吧？那就去试一试吧。

5. 巧借第三者

当你与别人展开争论时，最好借助第三者来表达出自己的观点。比如，当母亲教育孩子时，可以说"老师不许你如此做"或者"这样做，老师会处罚你的……"等，孩子对老师有一种天然的信服感，这样说会比直接教育他更能取得较好的效果。另外，每一个人都潜意识地不太信服"卖瓜者说瓜甜"的说法。经过第三者的透露之后情形就不同了。

比如，你想劝丈夫戒烟，就可以说："我听阿娟说，她丈夫戒烟之后身体好多了，他们家住6层，他一口气爬上去都不费劲……"

又如，你想让丈夫上交工资，你可以这样说："据统计，目前已经有97%以上的丈夫会把工资原封不动地交给太太……"

6. 给对方保留颜面

在你与他人产生争论时，请你一定要牢记一件事，那就是一定不能什么话都往外说，要给对方保留面子。因为一个人在讲了自己的想法之后，即使察觉到自己的想法有错，也不会轻易承认自己的问题，或是轻易改变原有的想法，因为一旦承认自己的观点有误，别人往往会对自己产生不信任感。为避免他人误以为自己是撒谎者，或瞧不起自己，人们都不会轻易认错。所以，为了保全对方的面子，你最好为他制造"下台阶"的机会。例如，你可以推说："这也难怪，毕竟你不清楚这件事的来龙去脉，难怪会产生这样的误解。"或者："估计不明就里的人都会这样想吧！"

又如，当对方不小心有了失误时，你可以以不熟练等客观因素宽慰对方："这不算什么事，以前我也经常犯这方面的错误。只要熟悉了之后，自然就不会出差错了。"或者："要是我身处那种条件下，我肯定也会弄错呢！"

唇枪舌剑后，埋下的是"怨恨"

"永远不要用争辩去赢得口头上的胜利。"这一教诲，对于每一个人来说，都是非常重要的。

在生活中，总有一种人反应快、口才好、心思灵敏，所以在与他人利益或意见发生冲突时，总能充分发挥其绝佳的辩才，把对方辩得哑口无言。

在那段时间里，你可能认为无论自己通过什么方式，只要争辩获得胜利就可以了。可事实上，这并不是真正的胜利，而是一种付出极大的代价后所获得的暂时性的胜利。当时，对方虽然在表面上承认你胜了，但他心里会从此埋下怨恨的种子。

有个喜欢辩论的学者，在研究过辩论术、听过无数次的辩论，并关注它们的影响之后，得出了一个结论：世上只有一个方法能从争辩中得到最大的利益——那就是停止争辩。

有一位推销员为了推销一套可供50层办公大楼使用的空调系统,与建设公司周旋了几个月也没有结果。因为他们之间的每一次洽谈最终都会成为一场噩梦似的争辩。该公司的董事会对产品百般挑剔,而这个推销员也是个争强好胜之人,每次都反唇相讥。虽然在口舌上占了不少便宜,生意却一直做不下来。

推销员自己也很苦恼,他求助于一位颇有经验的前辈,前辈只说了一句话:"你看我怎么做,先不要急着开口。"

到了第二天,在该公司董事们一如既往地连珠炮似的提了一大堆问题后,推销员也早就听出来了,这些董事是在用外行话问内行人,摆明了要刁难他。这时,推销员实在有点儿按捺不住,正要发作,前辈向他摇摇头,继续面带微笑地听着。

这一天天气比较闷热,在座的几位董事的脸上也都渗出了汗珠,有一位还不知不觉地拿起了手边的一本小册子扇起风来。就在这时候,前辈微微起身,很自然地说:"太热了!请允许我脱去外衣吧!"说完,他还掏出手帕,煞有介事地擦擦额头上的汗水。

也许这是一种强烈的暗示,董事们一个接一个地脱下了外套,擦拭着汗水。终于,一位董事用抱怨的口吻说:"别折腾了，到现在还没安装空调，热死了！"

可见，公司的董事们已经从心理上开始考虑购买空调的问题了，这时前辈才让推销员再次认真地介绍产品。十几分钟后，所有董事都签了购买合同。

从这个例子中我们可以看到，那位推销员每次只逞口舌之快，表面上占了上风，却只会让董事们更固执，更不愿接受他，结果损害的却是自己的利益。

人总有一种毛病，就是爱在口头上取得胜利，认为这样才有面子。而实际上，你永远不能从争辩中取得胜利，如果你辩论失败，那你当然失败了；如果你得胜了，你还是失败了。因为就算你将对方驳得体无完肤、一无是处，那又怎样？你也只是使他觉得自惭形秽、低人一等，伤了他的自尊。但他并不会心悦诚服地承认你的胜利，即使他表面上不得不承认你胜了，但他心里也会从此埋下怨恨的种子。

不要只求言语上的胜利，而应通过你的行动得到别人的认同，这样才是最大的赢家。前辈的推销战术之所以高明，就在于他深谙"无声胜有声"的真谛，对客户的心理揣摩得十分到位，什么时候保持沉默，什么时候开始行动，都拿捏得恰到好处。所以，他只用脱衣、擦汗这两个小动作就传达出了一个心理暗示："这里太热了，是该买空调的时候了。"

果然，一举奏效，解决了困扰销售员几个月之久的难题。

无休止地争辩只是徒劳之举。为了自己，也为了他人，婉转一些远比直来直去更能令人接受，和和气气也一定比当面锣对面鼓地否定别人更有效。

在现实生活中，总有些虚无缥缈的事情很难说明白，与其与人争辩不休，不如直接行动，从中引出一番能为人所领会和接受的道理，再以此类推，把这番道理运用于需要说明的论题，将会增加可信度和说服力，从而得到别人的认同。

一场狂风暴雨的唇枪舌剑过后，我们得到的仅仅是"心乱"，失去的却是"亲密无间"，并且，我们因此还会又多了一个"敌人"。遇到争论、挑衅，应该针对事物的本质用不同的方法加以解决。要知道，事实胜于雄辩，你的行动才会为你赢得一切。

因此，有时我们在口头上必须学会承认"我错了"。就像苏格拉底在雅典时一再告诫门徒的那样："我只知道一件事，就是我一无所知。"我们试着用这么一种句式："是这样的！我也有一种想法，不过也许不对，我常常出错，不过希望我被原谅，啊，依我看，这是……"结果，这种方式在任何场合下都畅行无阻，因为没有人会反对"你也许不对"的看法。所以，在承认自己错误的同时，我们也早已备下了灭火器。

在生活中，我们不可能永远是正确的，我们也有"错误"

的时候。因而，在我们不得不先承认自己"错"了的时候，我们所说出的话不妨也绕个弯，像苏格拉底的谦虚一样使得他人不敢再妄自尊大。

争执根本不能解决问题

有这样一则故事：有一次，英国女王维多利亚与丈夫艾伯特因一点儿小事发生了争吵，丈夫独自走进卧室闭门不出。夜晚忙完公务的维多利亚女王准备回房睡觉时，却发现卧室的门依旧被反锁着。维多利亚敲门，丈夫在里面问："谁？"维多利亚傲慢地回答："我是女王。"没想到里面既不开门也无声息。维多利亚只好再次敲门，里面又问："谁？""维多利亚。"女王用缓和一些的语气回答。里面还是没有动静。女王再次敲门。"谁？"这回维多利亚放下大不列颠女王的架子，柔声地回答道："我是你的妻子啊！"话音刚落，门开了。

女王意识到自己没有摆正自己的位置，主动放下了架子，并最终得到了丈夫的谅解，避免了夫妻互不相让，进行冷战的尴尬局面。

在后汉时期，谯县有个叫曹节的人，待人仁义宽厚。有一次邻居家丢了一头猪，与曹家的猪很相像，于是那位邻居就找上门来询问，尽管曹节家的猪圈里没有多余的猪，但邻居还是怀疑这头猪是他家的。平心而论，这种行为着实令人气愤：你家的猪丢了，我家猪圈里有头像你家的猪就是我偷来的，哪有这样的道理？一般情况下，若遇到这样的情况，双方一定会大吵一场，可曹节二话没说，就让邻居把自己家的猪赶去了他家。不久，邻居家那头丢失的猪又自己跑回圈里来了，邻居很是愧疚，主动把曹节家的猪送了回来，并表示了歉意。曹节笑了笑将猪收下，还是什么话也没有说，可邻居自己却愧疚不已，县里的人对曹节的所作所为大加称赞。

在生活中，人与人之间难免会发生利益的冲突。不过，在利上还有一个义字。面对义利之辩，有利益冲突的时候退让三尺，恰恰能更好地守住义。在利益冲突面前做出适当的退让，既能照顾别人的利益，又能维护义的标准，实在是一举两得的高明之举。这样为人处世的人，又怎能不受别人的欢迎和拥护呢？

人的一生要遇到很多不平之事，如果面对每件事都生气、烦恼、痛苦，并对事情的真相、原委争执不休，那么，就很有可能最终走向问题的负面，甚至也不会得到你想要的结果。我们都知道鹬蚌相争的故事，就好像两个有着深仇大恨的人互不原谅一样，结果两败俱伤，"渔翁"得利。如果它们都能以一颗宽容的心去看待这件事，就会给自己，也给对方留下一个机会，留下一条生路。

很多事例都告诉我们，要懂得适时舍弃，化解心中的仇恨，宽容地对待他人，才会共同创造出辉煌。有较大的度量，以谅解的态度对待别人，忍住最容易爆发的激动情绪，这样矛盾就可能得到缓和。

爱因斯坦博士是全世界都尊敬的人，他是全球数学、物理方面无可争议的专家。这位提出了相对论和原子理论的人，竟然也咽下过一口"气"。有一天，他上汽车后，正在想一个问题，因而数错了钱。售票员大声讽刺他："你这么大个人，会不会算数呀！"爱因斯坦一笑置之："不会就不会吧！"

有位爱尔兰人名叫欧·哈里，上过卡耐基的课。他受的教育不多，可是很爱抬杠。他当过汽车司机，后来因为推销卡车不顺利，来求助卡耐基。听了几个简单的问题，卡耐基就发现他老是跟顾客争辩。如果对方挑剔他的车子，他立刻会涨红脸大声强辩。欧·哈里承认，他在口头上赢了不少的辩论，但没能赢得顾客。他后来对卡耐基说："在走出人家的办公室时我总是对自己说：我总算赢了那混蛋一次。我的确赢了他一次，可是我什么都没能卖给他。"

所以，卡耐基的难题是如何训练欧·哈里自制，让其避免争强好胜。欧·哈里后来成了纽约怀德汽车公司的明星推销员。他是怎么成大事的？这是他的说法："如果我现在走进顾客的办公室，而对方说：'什么？怀德卡车？不好！你就算送我我都不要，我要的是何赛的卡车。'我会说：'老兄，何赛的货色的确不错，买他们的卡车错不了，何赛的车是优良产品。'

"这样他就无话可说，也没有了抬杠的余地。如果他说何赛的车子最好，我说没错，他只有住嘴了。他总不能在我同意他的看法后，还说一下午的何赛车子最好。我们接着不再谈何赛，我就开始介绍怀德的优点。

"当年若是听到他那种话，我早就气得脸一阵红、一阵白了——我就会挑何赛的错，而我越挑剔别的车子不好，对方就越说它好。争辩越激烈，对方就越喜欢我竞争对手的产品。

"现在回忆起来，真不知道自己过去是怎么干推销的！以往我花了不少时间在抬杠上，现在我闭紧嘴巴了，果然有效。"

正如明智的本杰明·富兰克林所说的："如果你老是抬杠、反驳，也许偶尔能获胜，但那只是空洞的胜利，因为你永远得不到对方的好感。"因此，在遇到矛盾，发生冲突时，不如咽下一口气，向后退一步，从而化解矛盾，赢得对方的好感，也为自己赢得更多的机会。

人生三气 赢在和气 毁在脾气 成在大气

能退一步就退一步，何必争吵

当你受到攻击时，你会怎样反应呢？激烈对抗，避开锋芒，适度还击，还是一走了之？

通常，你可能会因为理直气壮而强烈回击。你的这种行为有时是合适的，有时则未必合适。这是因为，强烈回击有时有好的结果，有时却会出现坏的结果。

人活在世上，总是处在各种各样的矛盾之中。因为原则和利益，以及其他各种很偶然的原因，可能会经常受到不友善甚至敌意的对抗和算计。如果一个人对此太介意，他便有可能在人群中一分钟也过不下去；如果一个人对此处处还击，他便有可能一年四季都处在战斗中。这其实是不必要的，也是不合算和不明智的。因此，人没有必要和对手采取一致的方式或站在对立面上进行还击，而应采取策略化解矛盾和敌意。这样，既显得你大度，又减少了自己不必要的时间支出、精力支出和其他可能的损失。在人的一生中，让自己保持一个豁达、开朗、轻松的心态，不是更好吗？

物理学定律表明，作用力有多大，反作用力也就有多大。

对抗也是如此,你有多么激烈,对方也会有多么激烈。

在一些鸡毛蒜皮的小事上,我们更不必计较太多。有一则相声叫《纠纷》,故事是这样的:雨后,马路上积了很多泥水,这时正值上班高峰期。故事的两位主人公,一个赶着去买药,一个忙着去上班,由于人车拥挤,买药的人没留神,从上班的人身边擦过去,弄脏了对方的鞋和裤腿。"上班的"怒了,一把抓住"买药的",要他赔钱和轧伤脚的医药费。因为言语过激,"买药的"听得十分生气,火气一上来,两人开始争辩,最后吵到派出所,民警没有立即调节,而是让二人到另一间小屋里等候。两人静静地坐下来,心平气和之后才开始回想事情的经过。"买药的"开了腔:"这事最初是我不对,你的脚还疼吗?""上班的"面有愧色地说:"不要紧,在这儿待了半天也活动开了。其实当时你要是客气点儿,也就用不着来这里给民警添麻烦了。""我是想道歉来着,可是当时你又是什么态度?你的话也相当不客气呀!""你得原谅我年轻嘛!"两人走出小屋,向民警说明了事情的来龙去脉,欢喜地走出了派出所。临别时,一个问另一个:"怎么样,兄弟还生我的气吗?""哪儿的话,不打不相识,有空上我那儿玩去!"另一个回答。纠纷就此化解。"忍一时风平浪静,退一步海阔天空。"这不仅仅是被动的退让,从某种意义上说,更是主动的、积极的办法，用争夺的方法，你永远得不到满足，但用让步的方法，你可以得到比你期望的更多。

低调对待敌意，不激烈还击，不和对方针锋相对，这样不但可以避免"敌意"的升级，而且还能为自己留下回旋的余地。你和对方针锋相对，激烈还击，对方就会更强劲地回应，斗争便会白热化，甚至达到你死我活的地步。这样，有限的敌意无限化了，小的灾祸变大了，尤其对于非原则、非利益的矛盾，这样做太没有必要了。

低调对待敌意，并不是胆小怕事、逃跑和不顾己方的原则和尊严，而是避免把自己卷入更大的灾祸中。只要对方的攻击对自己不能造成根本性的、致命的损害，就没有必要做过激的反应。只要对方的攻击可以被控制在一定的范围以内，就可以低调对待它们，不把它们当作大不了的事情。我们通常单方面的不对抗和放弃对抗，让对方失去战斗对象和对立面，这也能从根本上消解对方的斗争意志，让他们的攻击之矛找不到能戳的地方，这比真刀真枪地和他们对着干更具有智慧性的快感。再说，世界上的事情都是有前因后果的，敌意并不会完全没有原因，我们也要虚心待人，努力发现产生敌意的原因，从根本上消除它，把敌意消灭在它的起点或根本不让它产生。这样，我们就能生活得平安而愉快。

第三章　和气者懂宽容，自有人情味

给对方让路，就是给自己让路

在平时与人交往的过程中，一定要学会忍让，不要斤斤计较，不要小肚鸡肠，不要凡事都要争高低，要知道这是很不明智的，这样争来的也是一时的小利，失去的将是长久的大义。

有这样一则寓言，也说明了理让三分这个道理：

一天，山神召集所有的动物开会，说要举行搬运木头的比赛。大家听到这个消息都十分兴奋，纷纷摩拳擦掌，准备在赛场上一比高低。

动物们各自盘算着夺取冠军的事。黑熊力量很大，它心里想，如果比赛顺利的话，自己拿个冠军头衔是很有希望的；野猪浑身都是力气，而且经常从事体力劳动，练就了一身硬功夫，它渴望得到这个冠军；猎豹奔跑速度快，身手敏捷，它想，自己如果能发挥出速度快的优势，夺取冠军是不成问题的；大象力大无穷，它认为搬运的工作是自己的特长，如果能够发挥正常水平，夺冠军就如探囊取物一样。黄羊也报名参加了比赛。大家觉得黄羊力量不大，跑得也不是很快，于是大家认为黄羊只是参与而已，没有夺冠的实力，最有可能落在最后。

按照比赛规则要求，大家将木材从河东岸运到河西岸，必须走过架在河上的一座独木桥。在不落水的情况下，谁运送的木材多，就算谁赢。

比赛开始了，黄羊扛着木头走到桥边，当它正想过桥时，发现黑熊运完了一根木材回到了桥边，黄羊想，还是让黑熊先过吧，自己晚过去一会儿，不会对比赛成绩有什么大的影响，而且，两边都想过桥，总得有先有后，同时过桥肯定是不行的。就这样，黄羊每到桥边，只要发现有别的动物要过桥，它总是让别的动物先过桥。观看比赛的动物纷纷说黄羊过于善良，每次过桥总是给别的动物让路，这样肯定会输掉比赛的。

两个时辰到了，山神宣布比赛的结果，黄羊获得了比赛的冠军。大家都不相信这是真的，但经山神细说比赛经过，大家才恍然大悟。

原来，只有黄羊肯为其他动物让路，所以它每次都能顺利过桥，可是其他动物却不肯为对方让路，结果，很多动物在桥上对抗，你不让我，我不让你，浪费了大量的时间，大象和黑熊在桥上动武，结果双双跌到桥下，丧失了继续比赛的资格，猎豹和野猪在桥上谁也不肯让路，结果它们结了仇，相约到河边去角斗，它们斗了一个时辰也没有分出高下，忘记了比赛这码事。还有许多动物都陷入了这样或那样的麻烦中，根本无法运送木材。只有黄羊自始至终一刻不停地送运木材，它运送的木材堆积如小山一般，它是名副其实的冠军。

山神最后说，给对方让路，就是给自己让路，这就是黄羊取胜的秘密。

忍一时风平浪静，退一步海阔天空。不要为了一些鸡毛蒜皮的事情而大动干戈以至于伤了和气，必要的忍让是化解怨愤的催化剂，是调节人际关系的良药。

宽容的力量能绵延至远

宽容的力量威猛无比，远胜一切武器。武器只能威吓人于一时，而宽容的力量却能绵延至远，无穷无尽。武器只能制约人的行为，却无法改变人内心的邪念，而宽容却能震撼人的心灵，净化人的身心。人类之所以挥动武器、策划战争，主要是因为内心的贪与嗔，而宽容却能消除人心的贪与嗔。宽容才是最好的武器，对于这一点，下面这个故事足以说明。

有一次梦窗国师搭船过河，当船正要离岸时，一位带着佩刀、拿着鞭子的将军站在岸边大喊："等一下，载我过去！"

全船的人都说："船已经开了，不可以再回头。"

梦窗国师说："船家，船还没有走多远，给他方便，回去载他吧。"

撑船的人看到是一位出家人说情，就掉回头去让将军上了船。不料，这位将军一上船，看到梦窗国师，就拿起鞭子边抽打边说："和尚！闪到一边去，把座位让出来！"

鞭子重重地打在梦窗国师的头上，血顿时流了下来，而梦窗国师却一言不发地把位子让了出来，大家看了都非常害怕。船开到对岸，梦窗国师跟着大家下了船，走到江边，默默地把头上凝结的血块洗掉。

蛮横的将军看到这个情景，感到很对不起梦窗国师，就上前跪下忏悔，梦窗国师却心平气和地说："不要紧，出门在外，人的心情总是会急躁些的。"看到这里，我们不禁要扪心自问一下了：我们好心好意为别人谋得了便利，结果对方却拳脚相加；即使没有帮助别人，在我们没有蓄意滋事的前提下，别人却对我们横加指责。面对这样的情况，我们的心情如何？我们又会做出怎样的反应呢？

当我们想清楚这些之后，再来看看梦窗国师是用什么力量降伏了这位骄傲蛮横的将军的。答案很明显，就是宽容慈悲的力量，而且是兼善天下的宽容慈悲的力量。倘若梦窗国师一心"独善"，那么他完全没有必要劝导船家掉头回去，因为船已离岸，有没有人上船与他没有关系，这样也就不会被打了。不过，我们不能忽略的一点是，如果不是"兼善天下"的宽容慈悲之心促使梦窗国师做出这番举动的话，那位跋扈的将军是永远不会得到警醒和感化的，宽容的力量又何以体现呢？在宽容面前，顽石也会点头，强盗也会被感化。

从前，有一位善良的农夫发现他的芋头地里有被人用手挖过的痕迹，心想："这样不好，会伤到手的。"于是他就在地头放了一把锄头。

有一次农夫回家时，看到一个牧童将牛赶到他的麦田里吃大麦，他就对那孩子说："这里的大麦还没成熟，你应该把牛赶到那边吃已经成熟的大麦。"牧童飞快地赶着牛跑开了。

又有一次，农夫一路念佛回家，不料后面跟着一个小偷，这个人看见了农夫口袋里的金币。农夫知道他身后有一个人，就说:"我身上的东西,你想要的话可以给你,但你必须跟着我,听我讲故事。"于是,两人一路走着,农夫讲了很多佛的故事。

回到家中,农夫邀小偷一起吃晚饭,并留他过夜,就像招待客人一样。第二天,他还替小偷准备了粮食,并给了他一些钱。为了避免别人发现小偷的行踪,农夫叫他趁早离开,临走之时,小偷跪下来向农夫磕头,并发誓重新做人。农夫的善心拯救了一个迷途的人,可谓功德不小。

人生在世,离不开友情与亲情,若能做到"爱人如爱己",便能处处赢得朋友。在这个世界上,善意总是多于恶意的。仁爱之举,人人都能做到,不分高贵与低微,不分富有与贫贱,重要的是要有一颗随时准备行善的仁爱之心。佛法有"四大皆空"一说,然而却并不意味着抛开一切,真正有禅心的人,是一个懂得善待别人、关爱别人的人。

对顾客宽容一些是有好处的

宽容是一种品质,是做人的一种风范。宽容地对待顾客的过失,不仅是商业规则,还是一种做人的美德。

市场上,一位卖水果的小贩遇到了一位难缠的客人。

"这水果这么烂，一斤也要卖5元吗?"客人拿着一个水果左看右看。

"我这水果是很不错的，不然你去别家比较比较。"

客人说："一斤4元，不然我不买。"

小贩还是微笑着说："先生，我一斤卖给你4元，对刚刚向我买的人怎么交代呢?"

"可是，你的水果这么烂!"

"先生，我的水果还是不错的。"小贩依然微笑着。

不论顾客的态度如何，小贩依然面带微笑，而且笑得像第一次那样亲切。

客人虽然嫌东嫌西，但最后还是以一斤5元买下了。

有人问小贩为何能始终面带笑容，小贩笑着说："只有想买货的人才会指出货如何不好。如果我不接受他的意见，用几句话把他顶撞回去，他就不会成为我的顾客了。"

小贩完全不在乎顾客批评他的水果，并且一点儿也不生气，这不仅说明了小贩对自己的水果有信心，还说明了他有良好的修养，能够宽容豁达地对待顾客的批评。

在经营过程中，顾客免不了会提出意见或挑剔，经营者如何处理这类事情，将直接影响到生意的好坏。

从以下两个正反事例中，我们不难看出哪种方式更可取。

刘女士带着儿子到家附近的商厦购物，由于孩子不慎碰到了陈列架，将陈列架上待卖的空热水瓶碰掉在地。刘女士见状，一面训斥儿子，一面慌慌张张地将热水瓶拿起来，然而，热水瓶的内胆已经破裂了。

这个情况被一位女店员看到了，她便大声叫嚷道："张经理，不好了！"这时，不远处很快走来一位中年男士，他不由分说便开始训斥刘女士，口气很严厉，而且要她一定买下这个被摔破的热水瓶。

刘女士提出买一个热水瓶胆作为赔偿，但是张经理仍然不依不饶。

无可奈何的刘女士只好按原价把破热水瓶买走了，但此后，她再也没登过这家商厦的门。

还有这样一个例子，有一位学者在一家超市购物时，不慎将放置不稳的酒瓶碰翻了，顿时酒瓶破裂，酒洒了满满一地。他心想：这下该赔偿人家了。

他主动走上前去向店员道歉，并表示要赔偿商店的损失。然而出乎他意料的是，那位店员并没有责备他，而是一边安慰他，一边给值班经理打电话，讲述了这件事情。

更令这位学者预料不到的是，经理出来后满脸堆笑，并没有责怪顾客的意思，他说自己已经了解了实情，特意出来向顾客赔礼。说完,他便拿出手绢为学者擦掉酒污,并谦逊地说:"是我的店员没将货架放稳当,让您受惊了,责任全在我们头上。"

后来,经理一直陪这位学者购物,并亲自将他送出商场。临走时,学者已经买了许多货物回家。此后,学者成了这家超市的常客。

当顾客购物时不慎损坏了商品,经营者应该如何对待呢?

1. 尊重、体谅顾客

任何一位顾客都不是故意要损坏商品的,因此,经营者在处理这类事情时,不能一味地责难顾客,不能将一切责任全部推在顾客身上,而是应该站在顾客的立场上看待事情,不应该责怪、刁难顾客。

2. 含蓄、委婉地安慰顾客,并且仔细聆听顾客的心声

顾客购物时,偶尔发生了失误,一般都会感到不安,而且许多顾客还希望经营者为他提供解释、说明的机会,顾客的这种要求,经营者要充分理解,不可追究顾客的责任。

3. 店方应尽力承担商店的损失

对于一家商店来说,有两种潜在的顾客,一种是长久的顾客,另一种是暂时的顾客。那么,经营者应该如何对待这两种顾客呢?既要留住长久顾客,又要将暂时顾客转变为长久顾客，这就要求经营者不能只看重眼前的利益。顾客不慎让商品破损，无论责任在顾客抑或商店，商店都不应该刻意让顾客赔偿。这样，不仅能得到顾客的青睐，还为下一次购物奠定了坚实的基础。

何为真正的宽恕

人们在被伤害之后，通常会有两种截然不同的表现：或是憎恨，或是宽恕。

憎恨是一种极其负面的情绪，它会令人一味地沉浸在痛苦的深渊之中。如果憎恨的情绪持续在心里发酵，可能会使生活逐渐失去秩序，行为越来越极端，最后一发不可收拾。

而宽恕与憎恨截然不同，它能使人放开心胸，维持好的心态。但想要发自内心地宽恕对方其实并不容易，你必须随着时间的流逝将情绪从"怨怒伤痛"转化为"我认了"，最后认识到不宽恕的危害，从而积极地去思考放开自己、原谅对方。

甘地是20世纪印度民族独立运动最有权威的领导者、印度重要的政治领袖之一，被尊称为"圣雄"。甘地在思想方面也很有建树，他的思想和主张对整个印度半岛产生了十分深远的影响。甘地的政治理念是以印度的传统宗教思想为基础形成的,他的思想十分与众不同。他领导的非暴力不合作运动倡导以和平方式进行反抗,从而使英国殖民当局的武力式压迫无法起到有效的作用。这场运动也将甘地的"非暴力运动精神"注入到了印度人的灵魂之中。

甘地的领袖作用更多地体现在他对印度人民的精神的影响上,他的宽恕和忍耐的精神始终贯穿在他发动的那场轰轰烈烈的革命运动之中。在甘地领导的工作中,找不出任何一点儿以权谋私的痕迹。他总是将自己放在末位,严肃地对待工作,并希望自己能给信徒树立榜样,打动敌人。甘地的心灵永远是仁慈、虔诚的,甘地的胸怀永远是宽容、博大的,哪怕对方与自己为敌也不会改变。

1907年,部分激进分子非常抵制甘地领导的非暴力不合作运动,与此同时,英国当局又在进行强烈的反扑,希望能迫使甘地屈服。有一天,甘地在大街上被一群暴徒无情地攻击和毒打,这群人打到以为他断气了才离开。在那之后,甘地又被捕入狱,成了一名苦役。即便如此,甘地的思想也依然没有动摇,他仍以他那宽宏的度量和包容心宽恕着暂时的或永久的敌人。他仍在为印度人民奋斗,在自己选择的道路上坚定地前进着。

甘地和泰戈尔都十分敬重对方，但由于观念上的分歧，两个人之间的友谊一度产生了一些裂痕，可是甘地不想做任何文字或口头上的理论和辩解。但每当有人在他面前抨击泰戈尔时，甘地立即想办法打断对方的话语，而且毫不客气地告诉对方自己对泰戈尔的态度，让对方不要挑拨他们之间的感情。另外，他还发表声明，表示自己应该感谢泰戈尔。甘地是依靠宽恕来取得印度人民乃至他的敌人的信任和拥戴的。

宽恕是一种更加文明的责罚。宽恕是有权力进行责罚却不去责罚，宽恕是有能力进行报复却不去报复。做人应当拥有宽恕这种美好的德行。

宽恕说难也难，但说不难也不难，因为它其实只是你一瞬间的想法而已，我们要努力学会宽恕。写过不少儿童故事的英国学者路易斯，小时候常受一位凶恶的老师的侮辱，幼小的心灵被深深地伤害了。在路易斯的一生中，他几乎一直徘徊、犹豫着是否要宽恕这位老师，他想要宽恕却又无法做到，为此感到十分困扰。然而在他去世前不久，他写信告诉朋友："两三个星期前，我忽然醒悟，终于宽恕了那位令我童年变得不那么美好的老师。这么多年来，虽然我一直努力想要宽恕他，而且总以为自己已经宽恕了他，后来最终却发觉自己其实并没有真正做到。可是这次，我觉得我确实做到了。"这是一件多么值得高兴的事情啊!

其实,想要消除憎恨是有些困难的。它和那些坏习惯一样,都需要我们将它多次粉碎,才能把它完全消灭。伤害越深,心理调整所需要的时间就越长。可是慢慢地,它最终还是能够被我们消灭。

斯宾诺莎说:"心不能靠武力征服,而是要靠爱和宽容大度征服。"倘若一个人可以原谅、宽容其他人对自己的冒犯,就表明他的心灵已经变得柔软又强韧,能够抵御一切伤害。做人要心胸开阔,做事要思想开明。世界上最能长存的东西——日子,也很有限,为什么一定要在一些小事上斤斤计较呢?宽恕别人所不能宽恕的,你便超越了自己,也超越了普通人。

宽容是一种风度

庄子是一个宣扬绝对灵魂自由的思想家。对于宽容,庄子说:"常宽容于物,不削于人,可谓至极。"报复心理非常有碍健康,高血压、心脏病、胃溃疡等疾病就是长期积怨和过度紧张造成的。有一位好莱坞的女演员在失恋后,怨恨和报复心使她的面孔变得僵硬而多皱纹,她去找一位最有名的化妆师为她美容。这位化妆师深知她的心理状态,中肯地告诉她:"你如果不消除心中的怨和恨,我敢说全世界任何美容师也无法美化你的容貌。"

不要去恨你的对手,恨你的对手会让你失去正确的判断力。当我们恨我们的对手时,就等于给了他们制胜的力量。那力量妨碍我们的睡眠、我们的胃口、我们的血压、我们的健康和我们的快乐。

要是我们的对手知道我们对他的怨恨使我们筋疲力尽,使我们疲倦而紧张不安,使我们的身心受到伤害,他们不是会额手称庆吗?

多年前的一个晚上,卡耐基去黄石公园游玩。一位森林的管理人员骑在马上,跟这群兴奋的游客谈了些关于熊的事情。他告诉卡耐基:一只大灰熊大概能够击倒西方所有的动物,除了水牛和另一种黑熊。但那天晚上,卡耐基却注意到一只小动物——只有一只,那只大灰熊不但让它从森林里走出来了,并且和它在灯光下一起进食。那是一只臭鼬!大灰熊知道,它可以一掌把这只臭鼬打昏,可是它为什么不那样做呢?因为它从经验里学到,那样做很划不来。

卡耐基还是个孩子的时候,曾经在密苏里的农庄中抓过四只脚的臭鼬;长大成人之后,卡耐基在纽约的街上也碰到过几个像臭鼬一样的两只脚的人。卡耐基从这些不幸的经验里发现：无论招惹哪一种臭鼬，都是划不来的。

纽约州前州长威廉·盖诺信奉这样一句话："不能生气的人是白痴，而不去生气的人才是聪明人。"

威廉州长曾被一份专揭内幕的小报攻击得体无完肤，之后又被一个疯子打了一枪几乎丧命。他躺在医院为他的生命挣扎的时候，他说："每天晚上我都原谅所有的事情和每一个人。"这样做是不是太理想化了呢？是不是太轻松、太好了呢？如果是的话，就让我们来看看那位伟大的德国哲学家——也就是"悲观论"的作者叔本华的理论。他认为生命就是一场毫无价值而又痛苦的冒险，当他走过的时候好像全身都散发着痛苦。可是在他最绝望的时候，叔本华叫道："如果可能的话，不应该对任何人有怨恨的心理。"

宽容是一种美德，是一种修养。古时候有位宰相，一天，他请理发师为他理发。理发师在给他修面的时候，突然停了下来，他看着宰相的肚子问："宰相大人，小人看您的肚子并不大，怎么能撑船呢？"宰相听了哈哈大笑，说："所谓'宰相肚里好撑船'，是说宰相的气量大，能容忍各种事情，并不是说肚子本身有多大。"

理发师听了，"扑通"一声跪倒在宰相面前，口中连连说："小人该死！小人该死！"宰相就问："有什么不妥吗？"

理发师说:"小人修面时,不小心把您的眉毛剃掉了。请大人恕罪呀!"宰相一听,慌忙看了看镜中的自己,果然像理发师说的那样。但他只是哈哈一笑,说:"去拿一支笔来,给我画上眉毛。"理发师如获大赦,给宰相重新画上了眉毛。

宽容是君子的风度,这种风度如临渊伫立,如山风迎面,强大而难以抵挡。有这种风度的人,他的宽容大度可以化作一座桥梁,一把利剑,为他开山铺路,为他化险为夷。

谅解,让你更有人情味

谁也不想贸然冒犯别人,倘若你遇到有人冒犯了你,你可以试着去了解其中的缘由,与对方达成和解,这样才能化解矛盾,相处更加和谐。

威尔·罗吉士是一位幽默大师,他曾说:"我从未遇见过一个我不喜欢的人。"这位幽默大师说出这么一句话,大概是因为几乎没有什么人会不喜欢他。下面这个故事就说明了这点:

1898年冬天,罗吉士得到了一个牧场。某一天,不知道怎么回事,他养的一头牛冲破了附近农家的篱笆,到里面去吃嫩玉米,结果被发现此事的农夫杀死了。按照牧场的规矩,农夫应该先通知牛的主人，说明事情的原委，但农夫却直接自行杀死了牛，这让罗吉士非常生气，于是他叫来一名佣工跟他去和农夫理论此事。

在去找农夫的路上，他们遇到了寒流，因此全身上下都挂满了冰霜，他们差点儿被冻僵了。抵达木屋的时候，农夫不在家，农夫的妻子热情地邀请两位客人进去烤火并等她丈夫回来。在烤火时，罗吉士发现那女人和躲在桌椅后面窥视他的五个孩子都十分消瘦，模样憔悴。

农夫回到家中后，妻子将罗吉士和佣工的到来告诉了农夫，还特意强调他们是冒着狂风严寒来的。听到这话，罗吉士将刚要开口跟农夫理论的话咽了下去，并且伸出了手。农夫不知道罗吉士的来意，便和他握手，并留他们吃晚饭。"二位只好吃些豆子，"他抱歉地说，"因为刚才宰牛的时候突然刮起了风，没能宰好。"

盛情难却，两人便留下了。

在饭桌上，佣工一直在等着罗吉士说起杀牛的事，但是罗吉士只跟这家人说说笑笑，对这件事却只字不提。看着孩子听说从明天起几个星期都有牛肉吃而高兴得发亮的眼睛，他也露出了笑容。

饭后，寒风仍在呼啸，农夫夫妇竭力劝说两位客人在他家留宿。于是，两人又在那里住了一晚。

第二天早上，两人又接受了主人家热情的招待。他们吃饱喝足后踏上了回家的路程。罗吉士对此行的来意依然闭口不提。佣工责备他："我还以为您会为了那头牛而大发雷霆呢。"

罗吉士沉默了一会儿，然后回答道："在去他家之前，我确实是这么想的，但是我后来又盘算了一下。你知道吗？我实际上并未白白失掉一头牛，我换到了一点儿人情味。这世界上的牛有无数，但人情味却十分罕见。"

面对着善良、热情的农夫夫妇，罗吉士选择了原谅他们。谅解，让人情味更加浓厚。

宽容能化解一切矛盾

人生在世，免不了要和别人相处，由于各人的文化水平、工作生活、性格爱好不同，相处久了，难免会发生磕磕碰碰和矛盾冲突，如兄弟反目、婆媳不和、同事争执等。其实，这些矛盾只是些小矛盾，只要有一方豁达一些，大度一些，该宽容的宽容，该忘记的忘记，问题就会迎刃而解，干戈会化为玉帛。

然而，在现实生活中，总有那么一些人，心胸狭隘、小肚鸡肠，处事总是持"宁可我负人，不可人负我"的态度，对别人的不是，甚至并非不是之事也斤斤计较，毫发必争，往往使一丁点儿矛盾进一步恶化，最终酿成祸患，轻则使人受伤，重者致人命亡。

人非圣贤，孰能无过。用宽容来对待别人无意或有意地伤害，有如春风化雨、冰释雪化，对方定会投桃报李。宽容永远是人际关系的调和剂。

"当你伸出两根手指去谴责别人时，余下的三根手指恰恰是对着自己的。"美国的父母常用这句话教育他们的孩子。

我们总是对自己很宽容，对别人却很不谅解。著名书法家启功成名之后，经常有人模仿他的笔墨在市面上出售。有一次他和几个朋友走在大街上，路过一个专营名人字画的铺子，有人对启功说不妨到里面看看有没有他的作品。

启功好奇，大家就一起走进了铺子，果然发现好几幅"启功"的作品，字模仿得也十分逼真，连他的朋友都难以辨认。

朋友问道："启老，这是你写的吗？"

启功微微一笑赞道："比我写得好，比我写得好！"众人一听，全都大笑起来。

谁知说话之间，又有一人来铺子里问："我有启功的真迹，有要的吗？"

启功说："拿来我看看。"那人把字幅递给他。这时，随启功一起来的人问卖字幅的人："你认识启功吗？"

那人很自信地说："认识，启老是我的老师。"

问者转问启功："启老，你有这个学生吗？"

作伪者一听，知道撞到枪口上了，刹那间陷于尴尬、恐慌、无地自容之境，哀求道："实在是因为生活困难才出此下策，还望老先生高抬贵手。"

启功宽厚地笑道："既然是为生计所迫，仿就仿吧，可不能模仿我的笔迹写反动标语啊！"

那人低着头说："不敢！不敢！"说罢，一溜烟地跑走了。

同来的人说："启老，你怎么让他走了？"

启功幽默地说："不让他走，还准备送人家上公安局啊？人家用我的名字，是看得起我，再者，他一定是因为生活困难缺钱，他要是找我借，我不是也得借给他吗？当年的文徵明、唐寅等人，听说有人仿造他们的书画，不但不加辩驳，甚至还在赝品上题字，使穷朋友多卖几个钱。人家古人都那么大度，我何必那么小家子气呢？"

启老宽容的襟怀比之古人，可以说是有过之而无不及。

我们来到这个世界上有两大重要使命：一是丰富这个世界，二是完善这个世界。用宽容这个武器，可以化解这世界上的一切矛盾。

宽容能折射出一个人为人处世的经验、待人的艺术、良好的涵养。学会宽容不仅有益于身心健康，且对赢得友谊、保持家庭和睦、婚姻美满乃至事业的成功都是必要的。

宽容是一种心态，是一种不苛求、不极端、不任性的健康心理。它需要我们去学习，去体会，去感悟，需要拿出一点儿勇气和智慧，去想，去做，去生活……

"海纳百川，有容乃大。"这是句我们都应该牢牢记住的至理名言。宽容是德，它饶恕所有令自己能接受或不能接受的是是非非。学会宽容，我们的生活才会变得更加快乐，我们的人生会变得更加丰厚。

消灭敌人的最好方法

以怨报怨，怨永远存在；以德报怨，怨自然消失。对所有的人都宽容，肯宽待为难你的人，才说明你具有宽广的心胸和高超的为人处世的技巧。

卡尔是一位卖砖的商人，由于另一位对手的竞争而使他陷入了困难之中。对方在他的经销区域内定期走访建筑师与承包商,告诉他们:卡尔的公司不可靠,他的砖块不好,生意即将做不下去了。

卡尔并不认为这会严重影响到他的生意,但是这件麻烦事使他痛恨那位竞争对手。

有一次做礼拜时,卡尔听牧师讲要施恩给那些故意为难你的人。礼拜结束后,卡尔告诉牧师,就在上个星期五,他的竞争对手使他失去了一份25万块砖的订单。但是,牧师却教他要以德报怨、化敌为友,而且举了很多例子来劝导他。

当天下午,卡尔在安排下周的日程表时,发现住在弗吉尼亚州的一位顾客因新盖一间办公大楼而要买一批砖。他所指定的砖不是卡尔他们公司所能制造供应的那种型号,却与卡尔的竞争对手出售的产品很相似,同时卡尔也确信那位满嘴胡言的竞争者完全不知道有这样的机会。

这使卡尔感到为难。如果遵从牧师的忠告,他觉得自己应该告诉对手这笔生意,并且祝他好运。但是,如果按照自己的本意,他希望对手永远也得不到这笔生意。

卡尔内心挣扎了一段时间,牧师的忠告一直盘踞在他的心头。最后,也许是因为很想证实牧师是错的,卡尔拿起电话拨通了竞争者的号码。

当时，那位竞争对手难堪得说不出一句话来。卡尔很有礼貌地直接告诉他有关弗吉尼亚州的那笔生意机会。很明显，他很感激卡尔的帮忙。卡尔又答应打电话给那位住在弗吉尼亚州的承包商，并且推荐由竞争对手来承揽这笔订单。

后来，卡尔也得到了回报。那位竞争对手不但停止散播有关卡尔的谣言，甚至还把无法处理的一些生意转给卡尔做。现在，除了流言蜚语获得澄清以外，卡尔心里也比以前感到舒适多了。

曾经有一位智者说过，消灭敌人最好的方法就是化敌为友，将敌人变成自己的朋友，这样少了一个敌人之后却能多一位朋友，而且，化敌为友的朋友与你的关系更为紧密、与你的交情更为深厚。

在面对羞辱、误解、背叛的时候，人们总是很愤怒，想要报复，给对方更沉重的打击，可是这样做怨恨越积越多，对双方都没有好处。所以，我们不妨反其道而行之，以友好的方式对待对方，用自己的包容让对方产生悔过之心，这样可能会比直接表示反对或给对方打击效果要好得多。

对于一个世俗之人来说，包容别人可能会让自己很不好受，是一种疼痛的过程，但又是一种快乐，因为它能够感化犯错的人，让他们从内心里反省自己的错误，是一种无声之教。

一位禅师在旅途中碰到一个不喜欢他的人。连续好几天,那人用尽各种言语污蔑他。最后,禅师转身问那人:"若有人送你一份礼物,但你拒绝接受,那么这份礼物属于谁呢?"那人回答:"属于原本送礼的那个人。"禅师笑着说:"没错。若我不接受你的谩骂,那你就是在骂自己。"

世间如这个禅师一般置个人利害得失于不顾者又有几人?在蒙受不白之冤时,人究竟能够沉默多久?这就要看他的心胸有多宽大了。

中篇

哪有谁天生招人烦,毁就毁在脾气

第四章　脾气会搞糟人际关系，不能不防

坏脾气是人际关系的破坏王

人的脾气秉性大不相同，有些人遇事冲动急躁，脾气很冲，动不动就会生气，有时还会迁怒别人。这种坏脾气对于交际活动有很大的破坏，经常带来不良后果，把人际关系搞糟。有这样一个例子：有位售货员脾气不好，这天跟丈夫产生了一些小摩擦，心气不顺，便把这股气带到了工作当中。顾客叫她三声她都不予理睬，顾客又大声叫她拿商品，她便发起火来："瞎喊什么？我又不聋！"这位顾客无缘无故被骂，当然不肯老老实实听她训斥，于是也吼了回去。就这样，两个人吵了起来，结果这位售货员被辞退了。事后，售货员感到非常后悔："唉，都是我这个臭脾气闹的，怎么就压不住火气，控制不了自己呢？"

在我们的生活中，像这位售货员一样因为脾气不好而引起争端的情形十分常见。事实上，谁都有不顺心的时候，如果是自己独处也没有什么。问题是当人们需要与人接触时，坏脾气就如同一盆冷水，随时都可能会泼到对方身上，导致良好的交际气氛消失殆尽，最终使一切美好的东西化为泡影。因此，在交际中有意识地控制坏脾气，尤其不要因为自己不开心的事情而迁怒于人，这是取得较好的交际效果的基础与前提。

要控制自己的坏脾气，首先需要加强思想修养，提高思想水平，真正认识到不良脾气会对人际关系产生多大的危害，自觉加强对自己的约束，使问题得到根本、彻底地解决。并且在此基础上，还应提高自我控制能力，在交际过程中采取某种办法或措施，有效地抑制火气，让自己的头脑时刻保持理智、清醒。为此，我们还要注意下面几个问题：

1. 不要带着脾气马上进行交际

为了更好地控制住自己的情绪，当我们心气不顺或刚发完脾气时，最好不要立即投入交际，如果有可能最好改个时间再进行交际，如果不能改期则要给自己留下自我"冷却"的时间和空间，将自己的心情整理好，缓冲一下，度过最容易冲动行事、做出不理智行为的时期，而后再投入交际。一般情况下,坏脾气是一种瞬间发生的情绪,如果躲过这一瞬间,人们就不会太过冲动,会重新恢复到正常状态。因此感觉自己正处在爆发边缘的时候,不妨自己单独待一会儿,或换一个环境。只要自己调节几分钟,心情就会逐渐平静下来,使理智得以恢复,那时再与人交流就会正常许多。

有一位厂长就是采用了这样的方法来调节自己。这位厂长脾气不好,一旦生起气来就很难自控,总是将下属训斥得狗血喷头,下属也都非常怕他。后来他有意识地采取自我冷却法,收到了较好的效果。有一次,他的某位部下工作发生了失误,他对此感到非常生气,正怒不可遏。正好这个部下前来向他汇报工作,他立即让秘书请他先到会客室稍等,自己则在办公室里放空心思,安安静静地坐了几分钟,将自己的情绪调整妥当,压下了火气。当他来到会客室见到这位部下时,他已经笑容满面,像什么事情也没有发生似的。原本已经做好了被训斥的准备的部下悄悄松了一口气,还主动反省了自己的错误。

2. 给自己确立一条带有警示作用的座右铭

我们还可以通过心理暗示的方式实现对不良情绪的控制。比如选择简短明了的词语警句作为座右铭,或置于案头,或高悬墙上,或牢记心头。在脾气即将爆发之时,看一看,念一念，这些座右铭便会产生积极的心理暗示，替你将不良情绪挡在心门之外，不使其发泄出来，让自己能够更好地控制情绪。

例如，有的人效法林则徐在墙上高悬"制怒"二字，当自己不冷静，想要发火时，他便抬头看一眼这两个字，心中马上就意识到自己的行为是不对的，然后迅速将不良情绪压制下去，避免坏脾气的爆发。有一位经理针对自己的坏脾气，想了一句座右铭："对人发火是无能的表现。"每次当他想要发脾气时，他就会马上在心中默默重复这句座右铭，并反问自己："难道你想当一个无能的领导吗？"于是，理智战胜了冲动，怒火即刻退去，转而去思考更加温和、理想的解决方式。

3. 借助他人的力量

有些人自控能力较差，不能很好地控制情绪。这类人可以请同事或身边的人在自己无法自控前提个醒，打"预防针"，帮助自己"急刹车"，这样便能及时制止不良情绪。

有一位家长是个急性子，脾气很大，每次生起气来都很吓人，孩子非常怕他。他也意识到了自己的问题，就交给妻子一个任务，当自己即将发火时"拉拉袖子提个醒"。有一次，他在给孩子检查作业时，发现孩子非常马虎，他一眼就看到了很多问题。于是他的火气一下子就升了起来。就在他刚要发火时，妻子立即在身后拽拽他的衣角，递过一个眼色。他马上明白了其中的含义，意识到了自己的问题，于是强压下心中的火气，态度温和了许多。过后，他才心平气和地与孩子交换看法，指出问题，这次的教育效果比之前明显好了许多。

不过，即使按照上述的自控方法去做了，可能仍然会有压制不住怒火的情况发生。如果出现了这种情况怎么办？我们应严格要求，不能放纵自己，也不要文过饰非，最好在平静之后，立即真诚地向对方道歉，寻求对方的谅解。

愤怒时，给心灵泡一杯柠檬茶

在一家咖啡馆中，小林和男友发生了争吵，两人互不相让，最终男孩摔门而去，小林则独自坐在角落里黯然伤神。

小林心里十分烦躁，手中便一直不停地搅动着面前那杯清凉的柠檬茶，还泄愤似的用勺子捣着杯中没有去皮的新鲜柠檬片。柠檬片已被她弄得支离破碎，杯中原本清爽、透亮的茶也染上了一股柠檬皮的苦味。

小林叫来服务生，想要换一杯用去皮的柠檬来泡的茶。

服务生看了看小林，没说什么，撤下了那杯已经变得有些混浊的茶，端上了一杯新的冰冻柠檬茶，可是，茶里的柠檬依然没有去皮。原本就心情不好的小林更加恼火了，她又叫来服务生，生气道："我说过，茶里的柠檬要去皮，你没听懂我的意思吗？"

服务生静静地看着她，默默地听着她的训斥。"小姐，请你不要着急。"他说道，"你知道吗，柠檬皮经过充分浸泡之后，它的苦味溶解于茶水之中，将是一种清爽甘洌的味道，而这恰恰是你现在最需要的东西。所以请你耐心等待一阵，因为3分钟之内是不可能充分散发出柠檬的香气的，那样只会把茶搅得很浑，让事情变得越来越糟。"

小林愣了一下，似乎被服务生的话语触动了。她望着服务生的眼睛，认真地问道："那么，想要让柠檬的香味发挥到极致需要等待多长时间呢？"

服务生笑了笑，说："需要12个小时。那时柠檬就会把它的精华全部释放出来，你就可以得到一杯美味到极致的柠檬茶，但前提是你要有足够的耐心去忍耐和等待这12个小时。"

服务生顿了顿，又说道："其实我们遇到的很多事情都是这样，只要你肯花费12个小时去忍耐和等待，你就会发现，事情其实比你想象中的要好很多。"

小林看着他,似乎没有完全弄懂这番话的含义。

服务生又微笑着对她说:"我只是跟你介绍泡出好喝的柠檬茶的方法,顺便也讨论一下能否用泡茶的方法泡出美味的人生。"

说完,服务生鞠躬离去,小林独自坐在那里思索着什么。

当你愤怒时,给心灵泡一杯柠檬茶,给自己一点儿时间,也给别人一点儿时间,让彼此都冷静下来。人生的许多方面不都适用这个理论吗?

危险的怒火你要合理发泄

美国名人之一毕林斯先生,曾任全美煤气公司总经理达30年之久。他在总经理任期内,给人最深刻的印象,就是他对于许多小事常常会大发脾气,而面对那些重大事情时反而镇静异常。例如有一次,他乘车回家,下车时把一盒雪茄遗落在车里了,不久他记起来,再返回去找,但车早已开走了。

这包雪茄的价值,不过是5美分一支,对他而言真可算是微乎其微的损失,但他竟因此而气得面红耳赤、暴跳如雷,以至于旁观者都以为他失去的是一件盖世无双的宝物。后来

中篇　哪有谁天生招人烦，毁就毁在脾气

有一次，他凭空遭受了 10 万倍于那次的损失，但他却若无其事，异常镇定。

那是全世界闹经济恐慌的年代，毕林斯先生有好几天因为卧病在床，没有去公司办公。就在这几天里，有一家银行倒闭了，他凑巧在这家银行里有 3 万块钱的存款，结果竟成了"呆账"。他病愈后听到这个消息，却只是伸手搔了搔头发，然后沉思了会儿，便说："算了，算了。"

这是一条金科玉律：遇到一些感觉不快的小事时，尽情发泄你的怒气，直到你的心情完全恢复为止。因为这样可以使你永远保持开朗镇定的情绪，使你一旦遇到大事就可以用全副精神从容地应对。否则，不论事情大小，遇到气便积在心里，等到面临更大的打击时，你堆积多时的大小怒气，便将如爆裂的气球一样，冲破理智的范围，变得毫无自制能力了。

更重要的是，怒气发泄后，必须立即把心情放松下来，这样你的怒气才算没有白白发作。反之，如果你发作后仍然把这事牢记在心，不肯忘却，那你所获得的结果一定会更糟，而且很难与人相处。已故的纽约商界名人鲍门先生，曾经与人谈及一桩关于他自己的很有趣的故事。

事情是这样的：有一日，鲍门外出散步，偶然听见他的下属乔治正在对人埋怨他们公司的待遇太苛刻,而他的工作时间是那样的长,上司又不肯提拔他。鲍门听得怒火上升,几乎想立刻走过去叫他滚蛋。但是他静立了一会儿,等到自己怒气稍退后,才走过去向那个职员问道:"乔治,近来你可是受了什么委屈吗?"

乔治一时惊慌失措,忙说:"没有什么,先生,我觉得很好!"

"方才你不是说你的工作太多,公司待你不好吗?"鲍门仍然很和悦地说。这使乔治越发感到局促不安,终于承认方才的失言,并且说他感觉不快的最大问题,是昨天黄昏时他在泥地中换了一个汽车轮胎的缘故。当你在日常生活中或与人接触时受了一些气时,最好回到房间里静静地坐一会儿,甚至躺一会儿,或是到乡下去散散步,到各种娱乐场所去玩玩。总之,你必须用一切方法来解除你的烦恼,直到恢复你的心情为止。

有一次,美国银行界大亨史蒂文因为某位职员做错了事而对其痛加斥骂。他让那可怜的职员站在他的面前,自己坐在办公桌后,板起一张冰冷的面孔,手里拿着一支铅笔,指着职员的鼻子,大声痛斥,言辞间极尽嘲讽讥刺之能事。尤其当他说到最后几句恶毒的话时,那位职员忍不住全身战栗起来，恐慌得满头大汗。

当时恰巧有一个史蒂文的朋友在旁坐着，他看见了这幕令人难堪的场面，忍不住站起来向史蒂文说："朋友！我有生以来第一次看见像你这样凶恶残暴的人。这位先生是贵银行极重要的一位职员，现在你竟当着客人的面毫无顾忌地痛加辱骂，幸亏他的修养过人，否则即使他因此对你动粗，也将不足为奇。我们对待任何人都不该摆出这种毫不留情的铁面孔来。现在我只想替你说句解围的话：'你的神经受到刺激了，应该赶快走出这里，冷静一下！'"

史蒂文听了这番话，虽然脸上的神色并未立刻缓和下来，但当这位朋友走后不久，他立刻收拾行李，到外埠去静养了一段时间。因为他知道造成他恶劣态度的，是那日积月累的烦恼愤怒情绪。因此，当他旅行回来之时，他几乎完全变成另外一个人——一个和蔼可亲的人了。发怒最易使我们丧失理智，因而闯下种种不近情理的滔天大祸。所以当发觉自己已经忍无可忍、快要发作时，最好立刻设法离开，跑到一个可以使自己暂时忘了一切的地方去静一静。

越是在紧张复杂的场合，越应使你的头脑冷静下来，这样你才不会给自己找麻烦。当别人大发雷霆时，你越保持冷静沉着的态度愈好，如果你能做到这一步，你就不难发现对方因情绪波动而显露出的种种不妥之处,并利用它逐一击破。

聪明的人会依照自己的个性选择一种最适当有效的泄怒方法,并将它养成习惯,那么当危险的怒火上升时,就不难立刻将它消除于无形之中了。

你的性格有缺陷吗

阿青是一名非常普通的汽车维修工,每个月的工资能够勉强应付生活,但与自己的理想还有很大差距,他希望能够换一份待遇更好的工作。有一次,他听说一家实力不错的汽车维修公司正在招人,便决定前去应聘,并与对方约好了时间。

第二天就要面试了,吃过晚饭的阿青有些心绪不宁。他独自坐在床上想了很多,在脑海里将自己经历过的事情通通回忆了一遍。突然间,他感到一种莫名的烦恼:自己的智力并不比别人低,可为什么自己现在却依然毫无建树呢?

随后,阿青找来了纸笔,写下了4位自己认识多年、薪水比自己高、工作比自己好的朋友的名字。有两位是他之前的邻居,如今早已搬到环境更好的小区里了;另外两位则是他之前的老板。他扪心自问:与这4个人相比,除了工作以外,自己还有什么地方比不上他们呢？是智慧不如人吗？可平心而论，自己并没有比他们差到哪儿去。

阿青坐在房间里一直思考着这个问题，终于他想到了问题的关键——自己的性格不太好。他不得不承认，他们的性格比他好多了。

虽然当时已经是凌晨了，但阿青的头脑却格外清醒。他觉得自己第一次真正认识了自己，发现了自己过去很多时候不能控制自己情绪方面的缺陷，例如，做事冲动，有些自卑，可能会下意识地区别待人，等等。

那一整晚，阿青都坐在那儿反省着自己。他发现自从懂事以来，自己就是一个极不自信、妄自菲薄、不思进取、得过且过的人。他对自己毫无信心，觉得自己失败才是正常的，觉得自己不可能改变性格中的缺陷。

但那一晚，他看清了自己，于是，他下定决心一定要弥补自己性格上的缺陷，自此以后，绝不再有不如别人的想法，绝不再自贬身价，一定要完善自己的性格，改掉自己在这方面的不足。

阿青虽然一夜没睡，但他第二天上午的状态却反而更好了。他满怀自信地前去面试，也顺利地被录用了。在他看来，他之所以能得到那份工作，多亏了前一天晚上的自我剖析，以及由此而重新建立起的自信。

在进入新公司工作两年之后，阿青已经积累起了好名声，大家都觉得他是一个乐观、机智、主动、热情的人。在后来经济不景气时，每个人的情绪都受到了考验。而此时，阿青已是同行业中顶尖的那部分人了。在公司重组时，阿青被分到了一笔数量可观的股份，薪水也有所提升。

智慧并不是取得成功的唯一条件，能够发现自己的不足并完善自己的性格也是抵达成功桥梁的关键。

面对挑衅，你不妨微笑

这天，小佳来到一家超市采购。看着各式各样的蔬菜水果，忙碌了一天的小佳放松了下来，心情也愉悦了不少。

采购完毕，小佳来到了收银台前，她的前面只有一位正在付款的顾客，马上就要轮到她了，于是她将购物车里物品逐一取出来，放在传送带上。这时，小佳身后突然冒出来一位年纪不大的女士，她推着她超载的购物车，急匆匆地挤到小佳的面前，粗鲁地将小佳放在传送带上的物品全部推走，然后将自己购物车上的东西放了上去。

小佳被这位女士粗鲁、无礼的举动吓了一跳，她脑海中冒出的第一个想法就是马上告诉对方，她的这种行为是多么的有失大雅，但这样做无疑会令事情变得更加糟糕。小佳脑中飞快地转动着，很快就想清楚接下来应该怎样去做了。她转向这位年轻女士，对她报以善意的微笑。但这位年轻的女士就像没看到小佳的善意一样，一边粗鲁地推挤着小佳原本放在传送带上的商品，一边挑衅地看着小佳，仿佛期待着小佳脾气的爆发。

小佳知道她正在试图挑起一场争斗，猜测她一定遭遇了某种不快的事情并企图通过这种方式来转嫁她的满腔愤怒。于是，小佳没有经过太多的思考便做出了决定：绝不成为这位女士心中所想的剧本中的任何角色。小佳直视着年轻女士的眼睛，又一次对她微笑起来。没过多久，这位女士结完了账，小佳的物品也都妥善地装进了袋子中，收款员微笑着对小佳说："您是我见过的最优雅的女士！"小佳谢过了收款员的赞美，离开了超市。在回家的路上，她的心中还在为自己的行为感到骄傲。

罗斯福总统的夫人埃莉诺有一句令人难忘的名言："未经你的同意，任何人都不能够使你感到不适。"超市中的那位故意想要挑起争端的年轻女士，在小佳面前显露出了她最差的一面，而且她一直在想要让小佳也显露出她最差的那一面。

但她失算了，小佳不仅没有显露出最差的一面，反而将自己最好的一面展示在她的眼前，因为小佳不想任由自己的思想和行为被一个陌生人掌控。

事实上，我们确实应该理智地控制我们的情绪，睿智地选择我们的言行，无论在何种情况下，都展示出我们最好的一面。

那位年轻女士的行为理应受到谴责，可是谴责对于这样一位能够对他人善意的微笑视而不见的女士能起什么作用呢？可能也只能引起激烈的争吵罢了。在这种情况下，最明智的做法，就是躲开她。

跟那些对你大呼小叫的人争论没有任何意义。委婉的、柔和的、充满理性的话语，或者仅仅一个微笑，效果都可能远胜于此。你的情绪、你的言行都是由你自己来掌控的，你想要说什么、做什么，都是你自己的选择，别人无权干预。与人交往时，将你最好的一面展现出来，才是最聪明的做法。

第五章　脾气是情绪的恶化，说变就变

你的情绪，你要自己掌控

我们的生活不可能一直风平浪静，各种情况都可能会发生。我们在遇到一些情况时，情绪可能会产生很大的波动，如果不能将情绪控制在合理的范围内，你的社交就基本会以失败告终。

不能控制情绪的人，给人的印象就是不够成熟理智。

在我们的印象中，只有小孩子才会肆无忌惮地表达自己的喜怒哀乐，这一刻还在哭，下一秒可能就笑了。这种行为发生在小孩身上，大人会说是天真烂漫，但发生在成年人身上，恐怕人们就会怀疑这个人的性格有什么问题了，或者会觉得这个人总是将自己当成小孩，太不成熟了。如果你还年轻，这没有什么大问题，可如果你已经工作了好几年，或是已经超过了 30 岁,那么人们可能就不愿意接近你、信任你了,因为你给人留下了"还没长大",无法掌控自己情绪的印象。这样的人,一遇不顺就哭,一不高兴就生气,能做大事吗?这已经关系到你的个人能力了。

易哭,会让人觉得你过于"软弱";易怒,会对别人造成伤害。

哭其实是舒散心理压力的一种方式,但人们却总是将哭和软弱联系在一起。不过好在人们基本上都能忍住不哭,或是回家再哭,但生气就没那么容易忍住了。生气的坏处数不胜数:第一,随意发脾气可能会伤害无辜的人。没有人愿意无缘无故挨骂,有时候激烈的冲突就会因此产生。第二,大家知道你动不动就会生气,为了避免无端挨骂,于是会和你保持距离,你和别人的关系在无形中就拉远了。第三,偶尔发脾气,别人在你生气时就会格外注意,收敛自己的行为,但如果你常常生气,别人就不再将你的怒火当回事了,反而会抱着"你看,又在生气了"的看戏的心理,你的形象也就变得越来越不好了。第四,生气会使一个人的理性受到影响,不能理智地判断事情,更容易出错,而这也是别人对你最不放心的一点。第五,生气伤身体,不过别人并不关心这一点。

因此,在与人相处时,能够恰当管理情绪十分重要。你不必"喜怒不形于色",让人觉得你深沉不可捉摸,但也绝不可过度表现情绪，尤其是哭和生气。倘若你实在不能控制好这两种情绪，那么可以在快要克制不住情绪时，赶紧离开现场，等到情绪稳定了再回来。如果现场的情况不允许你去躲避，那就深呼吸，不要说话，这一招对克制生气特别有效。通常来讲，年龄越大，对情绪的控制就会越自如，就会给别人留下"沉稳、可信赖"的印象，虽然这不能对你在领导心中的位置产生多么大的影响，但总比那些无法掌控情绪的人好。

有些人能在必要的时候哭、笑和生气，而且表现得恰到好处，这种人控制情绪已到了相当高的境界，如果你下定决心改变自己，那么你也可以做到。

下面是一些克服、处理并控制情绪的方法：

1. 独立思考，主宰自己

你要尝试着自主、独立地思考，慢慢控制自己的思想。情绪大部分跟你的思想密切相关，在一定程度上可以说，只要能控制思想，就能控制情绪。这样看来，你认为是某些人或事给你带来悲伤、沮丧、愤怒、烦恼和忧虑，这种想法可能并不是完全正确的。你完全可以控制自己的思想，选择自己的感情，新的思考和情绪就会随之产生。你要相信自己能够在一生中的任何时刻，都按照自己选定的方法去认识事物，只有这样，你才能做到主宰自己，控制情绪。

2. 为自己的情绪找到适宜的表现机会

我们要为自己的情绪找到适宜的表现机会。有的人在情绪激动时，会去做那些大量消耗体能的活动或运动，让自己慢慢冷静下来；有的人在情绪不安的时候，会去找好友倾诉，跟好友聊聊天，把心中的烦恼都说出来以后，心情也会平静许多；还有的人通过观光游览的方式让自己远离容易引起自己内心激动情绪的环境，不再去想那些纷纷扰扰，等到旅游归来时，心情不复紧张，同时事过境迁，原本令你烦恼不已的事情可能已经不是问题了，也不用再为之烦心了。

3. 保持乐观的心态

如果你能保持乐观的心态，那么通常来讲，你的情绪就能够得到有效的控制，而且每时每刻都能为值得去做的事而生活，这样的你便能活得潇洒、自在。

能控制好自己情感、情绪的人会比普通人更加坚韧，因为他们可以让自己更快地从不良情绪中脱离出来。他们懂得如何在失意中寻找快乐，懂得如何应对生活中出现的所有问题。

不要成为情绪的奴隶

在德国军队中有这样一条耐人寻味的军规：士兵可以举报同伴的过错，被举报人也有反驳的权利，但倘若这两名士

中篇　哪有谁天生招人烦，毁就毁在脾气

兵最近曾产生过矛盾，那么一旦被发现，两个人就都会受罚。产生过矛盾的人至少要等一周，完全平复下情绪之后，才可以举报对方。

吉纳教授常常将一句话挂在嘴边：不要一时冲动成了情绪的奴隶。某年圣诞节，她给学生送了一只咖啡杯当作礼物，亚里士多德的一句名言醒目地印在上面：发脾气是值得赞扬的，如果你能做到在适当的场合，向正确的对象，在合适的时刻，使用恰当的方式，因为公正的理由而发脾气。

某天清晨下了一场大雨，她的一名学生突然来访，好像有什么急事。当时我正在和吉纳教授谈话，于是她就将我安置在了外面的小客厅。这间小客厅和吉纳教授的办公室只隔了薄薄的一道装饰墙，我偶尔能听到办公室里的对话，那位同学的情绪听上去非常激动。原来其他实验室的另一名研究生出言不逊，当众讽刺他理论过时、见解平庸，这令他十分生气。他想去理论，但不知道应该直接和对方辩论，还是去找对方的教授评判。他这次来，是想听听吉纳教授的意见。

"年轻人，"吉纳教授舒缓从容的声音传了出来，"有时候，我们很难理解别人的言行。如果你能听得进我的话，那么让我给你一个小建议。其实批评和侮辱跟泥巴没有任何区别。你看，今天早上我过马路时，大衣上溅上了一些泥点。如果我当时马上去擦，那么我的大衣一定会脏得不成样子。

所以我把大衣挂到一边，集中精力去做其他事情，等泥巴晾干了再去处理它，就很好处理了。瞧，我现在只要轻轻掸几下就可以了。"

多么恰当的比喻！吉纳教授的处世智慧令人叹服。那个聪明的学生也顿时醒悟，连连道谢。最后，吉纳教授这样说道："年轻时，我并不是一个善于控制情绪的人，因此吃了不少亏。慢慢的我发现，解决问题最好的办法是先将让我恼火的事放在一旁晾一会儿，让事件和我自己都冷却下来，再去处理它们。如果你现在就去质问他，你会更生气，矛盾也会变得更激烈。我建议你等情绪的水分都蒸发掉了，再去考虑这件事。如果那时你想要找他理论，请再来找我。不过等到水分蒸发之后，你可能会发现，那泥点已经淡得完全看不见了！"

让恶劣的情绪远离你

人生从来不是完满的，所以我们不必介意生活中的不如意。要使我们生活的世界变成美好的人间，除了感受幸福之外，还需要自我控制。只有做到自制，生活才会快乐。

生活中的烦恼会让每个人都难免有情绪失控、生气或愤怒的时候。事后，我们会对这种伤害了自己又伤害了别人的不理智的行为懊悔不已。其实，只要你能控制自己的情绪，就没有人能让你生气，发怒和失控这种恶劣的情绪就会远离你。

一个情绪失控的人，不可能对事物的认识有全面、准确的见解，不可能让自己理智地面对生活中的种种考验，更不可能懂得有效地利用自我控制的伟大力量。

驾驭自己需要心态的平和，需要以宁静的方式，每天抽出时间反省、学习与思考，只有懂得放松自己，才能够控制自己。

你想改变人生吗？那就要自我肯定、自我激励、自我控制、自我主宰。去做你想要做的事，并坚持不懈地贯彻你的选择。那些敢于挑战命运，并取得突出成就的人，都是由于掌握了这个秘诀，才实现了自己的人生价值。

每个成功的人在成就辉煌之前，他们也和你我一样，都是普通人，都没什么太大的区别。我们每个人都有成功的潜质，只要像那些成功人士一样，锻造自己的毅力，激发心中的潜力，然后大胆去做，我们也能够成为别人眼中的明星。

创造卓越的人生，必须能看透自身的优缺点，对自己充满信心。在人生的任何境遇中，无论是顺境还是逆境，都能够从容、镇定地驾驭自己的命运和人生。这些黄金般的品质，成就了世人所仰慕的明星。这说明：只有能够驾驭自己的人，才能够驾驭命运。不急不躁、不怨天尤人、不轻易发怒是成功人士的必需品质。而焦虑万分的人，往往不容易应付种种困难和解决种种矛盾。

年轻人，学会控制你的情绪吧！善于自控者，永远有战无不胜、突破逆境的力量与希望！

很多人可能遇事爱着急，情绪易激动。易怒的性格会在学习、生活中给我们自己带来麻烦，如果我们打算使自己在未来的成长道路上得到更大的发展，不仅需要坚强的毅力，而且要使自己成为自己情感的至高统治者。有这样一个故事：

一个人闯入了惠灵顿公爵的书房，他说："我叫亚玻伦，有人派我来刺杀你。"公爵说："刺杀我？真奇怪。"刺客把话重复了一遍："我是亚玻伦，我一定要杀了你。""一定要在今天吗？""他们倒没有告诉我在哪一天或者什么时候，但是我必须完成任务。"公爵说："那现在可不方便。我很忙——我有很多信要写。你下次再来吧，我等着你。"说完，他就继续写他的信。公爵的严厉、从容、大度和镇静使刺客大为吃惊，他走出去，再也没有回来。

有人曾说，能够支配自我，控制情感、欲望和恐惧心理的人会比国王更伟大、更幸福。克来登这样评价英国国会领袖之一的汉普登："他是自己情感的至高统治者。由此，他获得了统治他人的伟大力量。"

亚伯拉罕·林肯刚成年的时候，也是一个性急易怒的人。但后来，他学会了自制，成了一个富有同情心、说服力和耐心的人。他曾经对陆军上校福尼说："我从黑鹰战役开始养成了控制脾气的好习惯，并且一直保持下来，这给了我很大的好处。"

自制使人充满自信，也赢得别人的信任。

自制还能产生信用。人们在交往中，总是相信那些能控制自己的人，而一个无法控制自己的人，既不能管理好自己的事务，也不能管理好别人的事务。一个人，绝不可能在没有自制力的情况下成功！

无数的生活经验告诉我们：一定要控制情绪，让理智主宰情感，否则永远不会取得出色的成就。

要么做情绪的主人，要么做情绪的奴隶。

每天早上醒来的时候，如果你只能根据情绪的好坏决定是否努力工作，根据情绪的好坏去判断自己的勇气——那么你就是情绪的奴隶，不会获得幸福和成功。

一个人早上醒来的时候觉得信心百倍，相信自己一定能做好该做的工作，而且一定会做得很出色，那么他看上去是多么与众不同啊！一个人每天都能淋漓尽致地发挥自己的潜能，没有恐惧、担忧和焦虑，那他是多么优秀啊！他坚信自己，他是自己命运的主宰。在匆忙和躁动不安的生活中，在大家都在为生存而激烈竞争的时候，我们可以看到有着自控力的人，像日月运行般从容不迫地迈向自己的目标。他们给我们一种力量、一种平静的感受和一份自信。他们知道如何正确地思考，懂得成功的秘密。

自我控制是迈向成功的第一步，每个人都可以获得这种能力。

我们不应该让自我毁灭的思想情绪占据心灵，哪怕一时一刻。聪明人不应让愤怒、仇恨、抑郁以及堕落的情绪控制自己。

性格问题会导致人生的不同结局，情绪好坏有时决定了事情的成败。这个问题太重要了，因为性格决定命运。

我们必须学会控制自己的情绪，才能做好每一件事。

将不良情绪通通清理出去

一名初涉歌坛的歌手，他满怀信心地把自制的录音带寄给某位知名制作人。然后，他日夜守候在电话机旁等候回音。

第一天，他因为满怀期望，所以情绪极好，逢人就大谈抱负。第十七天，他因为情况不明，所以情绪起伏，胡乱骂人。第三十七天，他因为前程未卜，所以情绪低落，闷声不吭。第五十七天，他因为期望落空，所以情绪坏透了，拿起电话就骂人。没想到电话正是那位知名制作人打来的。他为此而毁了期望，自断了前程。

我们在为这名歌手深深惋惜的同时，也更深刻地明白了不良情绪带给人的危害。

美国得克萨斯州立大学的史密斯教授，曾经针对受测者情绪的变化及其个人生理、心理状态做了一个实验。他在实验报告中指出：一般人的情绪如果处于焦虑、愤怒、恐惧的情况下，会有一种来自脑下腺的肾上腺皮质激素被分泌出来刺激肾上腺，因而影响受测者的生理状态。在这种情况下，受测者极易产生心跳加速、口干、胃部胀痛等生理现象。这种情形如果持续进行，就容易引起心脏病、高血压或胃溃疡等后遗症。

管理自己的情绪，不但有益身心健康，又能使自己的工作效能提高。这是心理学大师告诉我们的——管理情绪，首先要从处理不当情绪开始，主要包括化解愤怒、缓和性急、消除紧张、革除悲观、排遣厌倦五个领域。

1. 如何化解愤怒

是什么引发了我们的不良情绪？挫折、疲倦、被批评、伤到自尊，而愤怒令我们失去理智、引发冲突，做出错误的决定。处理愤怒（冲突）的基本原则就是"stop→think→do"。你不妨使用纸笔，写下以下的问与答：我现在碰到什么难题？

我正在或正想做什么？这样做有益吗？我真正想要做的是什么？我该怎么做？

不良情绪导泄法：我们的行为一定要对事不对人；说出自己的感受，而不是批评对方；注意时机的适当性；要把握恰当的语言及肢体语言。另外要注重向可靠的人倾诉。

搁置法：告诉自己改天再谈；暂时放下它；把不良情绪关在门外。

2. 如何缓和性急

性急就是压力的表现，也是情绪不稳定的表征。性急的人容易使自己的健康受损，也会失去定力，失去理智。在生活中稍不如意都可以让我们心乱如麻，以致不屑与人交谈，或者对一般的生活情趣觉得难以忍受，或者对未完成的事局促难安。还有些人好争强斗胜，却输不起，易被激怒。

消除性急的方法：多给自己一点儿时间，或割舍行程表中部分项目；向自己低语（别急！安抚心里毛躁的孩子！）；哼一首曲子；休息。这些都有利于让自己的心情平静下来。

3. 如何消除紧张

我们的紧张来自忙碌、竞争、工作效率。紧张时身体会出现异常反应：肌肉紧绷、手心发汗等。因此要注意你的整体身心作用，你的行动、思想、感受、身体反应在交互作用，使紧张扩及你的身心和情绪表现。当你紧张时，你可以通过这样的方法改善自己的心理：净化法——静坐；运动法——松弛技术。

4. 如何革除悲观

事实上我们的悲观是由于不当的思考习惯造成的。碰到挫折，能区别思考的人表现乐观，不能区别思考的人则表现悲观。

面对挫折时，乐观者认为那是暂时的、特定的、外在的原因，而悲观者则认为那是永久的、一般的、内在的原因。面对顺境时，乐观者与悲观者的思考模式正好相反。乐观者如有隔舱的船，悲观者如没有隔舱的船。

要时时在心里提醒自己，要乐观一点儿看问题，凡事都有它积极的一面。找到事物中对你有益或者有所启发的方面。

5. 如何排遣厌倦

长期承受压力使我们产生厌倦。你可以改变自己的环境，改变自己的观念，保持一个好心情。

空虚也可使我们产生厌倦。应该拟订新目标或新的蓝图，或从事物中看出新的意义，跟积极的朋友交往，保持温暖的人际关系。

第六章　脾气是心态的魔怔，能灭当灭

两种心态的天壤之别

我曾听过这样一个故事：

一位父亲的两个儿子的性格截然不同，一个乐观开朗，一个悲观忧郁。

为了让那个悲观忧郁的儿子能够有个好心情，父亲想出了这样一个方法：他在性格忧郁的儿子的屋里放了很多玩具，而在性格开朗的儿子的房间里只放了一些马粪。

过了一会儿，父亲想要看看这两个孩子的情况。他先是来到了性格忧郁的儿子的房间，只见儿子正坐在那里悲伤地哭泣。父亲就问他为什么这么伤心。

儿子说："你为什么要给我这么多玩具，我要是不小心弄坏了它们怎么办？"

父亲又来到了另一个儿子的房间。那个儿子正高兴地在马粪堆里翻找着什么，父亲就问他这是在干什么。

儿子高高兴兴地回答说："我在找小马！这里面肯定藏着一匹小马！"

从这个故事里，我们可以更深刻地体会出，人与人之间其实只有很小的差异，但这种细微的差异却会逐渐导致巨大的不同。这两个儿子其实除了心态上的差别之外，没有任何不同，可是这种心态却造成了完全不同的结果：成功和失败。

因此，我们应该以乐观、积极的心态来面对生活。如果一个人心态积极，能够乐观地面对人生，乐观地迎接各种挑战和麻烦，那他就已经离成功并不遥远了。

人生在世，我们不得不面对一个或许让人有些尴尬的残酷事实：在这个世界上，成功的人是少数，而失败的人才是大多数；成功的人的生活是充实、自在、潇洒的，失败的人的生活则是空虚、艰难、猥琐的。

为什么会有这么大的不同呢？

我们来仔细比较一下两者，就会发现两者的心态，尤其是关键时刻的心态，可能会使人生走向截然不同的方向。

人生三气 赢在和气 毁在脾气 成在大气

在推销员中间,流传着这样一个故事:

两个欧洲人到非洲去推销鞋子。由于非洲气候炎热,那里的人根本就不穿鞋。看到这种情景,第一个推销员失望极了,说:"这里的人都不穿鞋,我的鞋能卖给谁呢?"于是,他便没有尝试,失望地离开了。另一个推销员看到同样的情况,却非常惊喜:"这些人都不穿鞋,这个市场现在还是一片空白啊!"于是,他想方设法,引导那里的人穿鞋、买鞋,赚了很多钱。

两种不同的心态导致了截然相反的结果。

在生活中,很多失败者不能取得成功其实都是因为心态问题。遇到困难,他们经常选择逃避、退却。"我不行,我肯定干不了!"最终只能陷入失败的深渊。而成功者在遇到困难时,则会一直保持积极的心态,他们会不断鼓励自己,直到寻找到解决的方法,再次踏上前行的道路。

心态积极、进取、乐观的人更能按照自己的意愿支配人生。他们能积极乐观地处理人生中遇到的各种困难、矛盾和问题。而心态悲观、消极、颓废的人不敢也不会主动去解决自己面前的那些问题、矛盾和困难。最终,这两种人的人生便有了天壤之别。

心情的好坏，全看心境

王老师是单身汉的时候，和几个朋友一起住在一间只有七八平方米的小屋里。但是，他一天到晚总是乐呵呵的。

有人问他："那么多人挤在一起，连转个身都困难，有什么可乐的？"

王老师说："朋友们在一起，随时都可以交换想法、交流感情，这难道不是很值得高兴的事吗？"

过了一段时间，朋友们一个个成家了，先后搬了出去。屋子里只剩下王老师一个人，但是他每天仍然很快活。那人又问："你一个人孤孤单单的，有什么好高兴的？"

王老师说："我有很多书啊！一本书就是一个老师。和这么多老师在一起，时时刻刻都可以向它们请教，这怎能不令人高兴呢！"

几年后，王老师也成了家，搬进了一座大楼里。这座大楼有7层，他的家在最底层。底层在这座楼里是条件最差的，不安静、不安全，也不卫生。上面老是往下面泼污水，丢死老鼠、破鞋子、臭袜子和其他脏东西。

那人见王老师还是一副喜气洋洋的样子，好奇地问："你住这样的房间，也感到高兴吗？"

"是呀！"王老师说，"你不知道住一楼有多少妙处啊！比如，进门就是家，不用爬很高的楼梯；搬东西方便，不必费很大的劲儿；朋友来访容易，用不着一层楼一层楼地去敲门询问……特别让我满意的是，可以在空地上养一丛花、种一畦菜，这些乐趣，数之不尽啊！"

过了一年，王老师把一层的房间让给了一位朋友，这位朋友家里有一个偏瘫的老人，上下楼很不方便。王老师搬到了楼房的最高层——第七层，可是他每天仍是快快乐乐的。

那人疑惑不解地问："先生，住七楼也有许多好处？"

王老师说："是啊，好处多着哩！仅举几例吧，每天上下几次，这是很好的锻炼机会，有利于身体健康；光线好，看书写文章不伤眼睛；没有人在头顶干扰，白天黑夜都非常安静。"

后来，那人遇到王老师的学生小张，他问："你的老师总是那么快快乐乐的，可我却觉得，他每次所处的环境并非那么好呀？"

小张说："决定一个人心情的，不是环境，而是心境。"

一个人心情的好坏，很大程度上取决于他的心境。拥有乐观的心境，就能正确地对待生活中遇到的困难，用良好的心态帮助自己走出低谷。所以，拥有一种平凡、平淡的心境是一种幸福，有了好的心境，就有了洒满阳光的好心情。

写一个属于你的快乐计划

怎么样才能拥有快乐的激素呢？首先要让自己养成快乐的习惯，比如在工作方面，适当地减轻自己工作的压力，这样就会用更好的状态去达到更好的效果。成大事的人都会明白：多一份快乐，少一份烦恼。拿破仑·希尔曾经说过："忘却烦恼，学会让自己快乐。"那么，如何让自己快乐呢？

生活中的快乐，取决于你对人、事、物的看法，因为生活是由思想造成的。

在多年前，有一档广播栏目让人们找出自己所学到的最重要的一课是什么。这个问题很简单，其实最重要的一课就是思想的重要性。你只要明白自己想要什么，就能知道自己是个什么样的人，每个人的思想决定了自己本质的特征。命运是掌握在自己手里的，取决于自己的心理状态。美国思想家爱默生说过:"一个人就是他整天所想的那些。"意思是,你想成为什么样的人,就可能成为那样的人,是不可能成为其他样子的人的。

但是若要明确地说,你现在面临的最重要的问题,也许是我们需要解决的唯一问题,就是怎样选择出正确的思想。倘若我们明白这一点,那么所有的问题也就迎刃而解。罗马帝国的伟大哲学家马尔卡斯·阿理流士曾把这些问题归结成一句话:"生活是由思想造成的。"这可能也是决定命运的一句话。

所以,倘若我们自己的想法是快乐的,我们就会快乐。若我们只想着悲伤的事情,那么我们就会悲伤。若我们想着一些可怕的事情,我们就会恐惧。如果我们存在不好的想法,那么我们的内心也就会良心不安了。假如我们想着的都是失败,失败就会笼罩我们。倘若我们活在自卑里,那么所有人都会避你而去。

这么说是不是告诉我们,在面对困难时,我们都要习惯于用乐观的心态去面对呢?并不是的。生命并非你所想的那样简单,不过还是希望大家能够用正面的态度去看待,但不是用反面的态度。也就是说,我们应该关心我们自身的问题,但不能因此焦虑不已。关心和焦虑的区别是什么呢？让我们再说详细一点儿，就好比一个人在穿过拥挤的大街时，他就会很专注所做的事情，所以他并不会焦虑。而关心的意思就是说要明白问题在哪里，然后沉稳地用各种方法去解决，而焦虑就是在遇到问题时不停地在原地转圈。

一些人可以关心一些非常沉重的问题，同时也让自己显得很有精神的样子。卡耐基曾协助过罗维尔·汤马斯主演一部影片，穿插在那部电影中的汤马斯的演讲使全世界都为之震动。他在伦敦获得巨大成功之后，也成功地游历了许多国家。可是让人出乎意料的倒霉事接踵而来，不可思议的事情发生了——他竟然发现自己破产了。那时，恰巧和他在一起的是卡耐基，他们两个只好在街口的小饭店去吃便宜的饭。若不是一个知名的英格兰画家詹姆士·麦克贝将钱借给汤马斯的话，他们两人甚至都不能吃到那些很便宜的食物。这个故事的要点主要在于：罗维尔·汤马斯在面对巨大的债务和心情极度失落的时候，他很关心，但并不焦虑。他明白，若自己被霉运折磨得抬不起头来的话，那么他在人们面前就会变得分文不值，更何况在自己的债权人眼里。所以他每天都会买一朵花来装饰自己，并将它插在自己的衣服上，然后仰起头走在大街上。对他而言,挫折并不是全部,而是事情的一部分,它只是在你攀登高峰时必须经过的有益练习。

让自己快乐的另一件武器就是知恩不图报。

演讲大师卡耐基就曾有过这样的体会:他的父母喜欢乐于助人。他们家很穷,总是债务缠身,但他的父母每年都会给设在艾奥瓦州的一座基督教孤儿院送钱,虽然他的父母并没有来这里看过,这儿的人也没向给他们捐钱的人表示过感谢——除了写信——不过他们所得到的报酬却是非常的丰富,因为他们不是希望或等着别人能够来感激他们。

离家之后的卡耐基在每年的圣诞节总会给他的父母寄一张支票,让他们买一点儿比较奢侈的东西。不过他们很少去买。每当他在圣诞节前几日回到家中,他的父亲就会跟他说他又买了一些煤和杂货,将它们送给了镇上的一些"可怜的女人",也就是那些没有钱去买食物和柴火却还要养一大堆孩子的女人。他们在送这些礼物的同时也得到了很多快乐——就是只有付出,并非希望能够得到任何回报的快乐。

卡耐基相信他的父母有资格能够做亚里士多德理想中的人,即最快乐的人。亚里士多德说过:"理想的人,就是以施惠于人为乐,但却会因别人施惠于他而感到羞愧。因为能表现仁慈就是高人一等，而接受别人的恩惠却代表低人一等。"

卡耐基说："如果我们想得到快乐，我们就不要去想回报，而只享受施与的快乐。"

现在，让我们为自己的快乐来制订一个建设性的计划，让我们为自己的快乐而努力吧。名字就叫"只为明天"。这份计划很有效果，你可以将它打印出来送给别人。这是去世的西贝儿·派屈吉所创作的。若我们能够照着去做，就能够将大部分的忧虑消除，从而在生活中获得更多的快乐。

1. 只为今天，我要很快乐。如果林肯所言"大部分的人只要下定决心都能很快乐"是对的，那么快乐就来源于内心，而并不是存在于外表。

2. 只为今天，我要让自己适应一切，试着调整一切来适应自己的欲望。用这种态度来看待自己的家庭、事业和自己的运气。

3. 只为今天，我要爱护自己的身体。要多参加运动，并且学会照顾它、珍惜它。不允许损伤它和忽视它，让它成为自己成大事的奠基。

4. 只为今天，我要加强我的思想。让自己学一些有用的东西，不要成为胡思乱想的人。我要看些需要集中精神、需要认真思考才能看的书。

5. 只为今天,我要通过三件事来锻炼自己的灵魂:在别人不知道时,要为别人做一件好事。还要做两件自己不想做的事情,只是为了锻炼自己。

6. 只为今天,我要做个让别人喜欢的人,修饰好外表,说话要尽量得体,低声说话,行为优雅,并不在乎别人对自己的毁誉。对于所有事情都不会挑毛病,也不会指责和干涉他人。

7. 只为今天,要让自己考虑今天该怎么度过,并非将自己一生的问题都解决掉。虽然我能够连续12个小时专注做一件事,但是若一辈子都这样做的话,那会惊吓到自己。

8. 只为今天,我要制订一个计划。我要写下每小时应做些什么。当然并不是完全要照着这么做,但是这个计划还得需要。至少这样可以让自己免除两个缺点——过分着急和犹豫不决。

9. 只为今天,给自己留半个小时的时间安静、轻松一下。当然在这半个小时里,要使自己的生命充满希望。

10. 只为今天,我要放下恐惧。尤其是不要害怕快乐,我要让自己能够欣赏一切的美,让自己相信自己爱的那些人爱自己。

若我们想要培养平和和快乐的心境，就要记住："若你有快乐的思想和行为，你就能感到快乐。"

快乐，就是让你的生活更加精彩丰富；快乐，就是让你变得更加美丽动人。

让微笑掩盖泪水，让悲伤消逝

快乐纯粹是内在的，它不是由于客体，而是由于观念、思想和态度而产生的。不论环境如何，个人的活动能够发展和指导这些观念、思想和态度。亚伯拉罕·林肯则进一步指出："只要心里想快乐，绝大部分人都能如愿以偿。"

环境本身并不能使我们不快乐，我们的反应决定我们的感觉。

乔治五世挂在白金汉宫上的一句名言是："不要为月亮哭泣，也不要因事后悔。"

有一天，伊丽莎白·康妮接到国防部的电报，说她的侄儿——她最爱的一个人——在战场上失踪了。

康妮寝食难安。过了不久，她又接到了阵亡通知书。此时，她的心情无比悲伤。

在那件事发生以前，康妮一直觉得命运对自己很好。她说："伟大的上帝赐给我一份喜欢的工作，又让我顺利地抚养大了相依为命的侄儿。在我看来，我的侄儿代表着年轻人美好的一切。我觉得我以前的努力，现在都应该有很好的收获……"

然而，现在却来了这样一份电报，她的整个世界都被粉碎了，她觉得再也没有什么值得自己活下去的意义了，她找不到继续生存下去的理由。她开始忽视她的工作，忽视她的朋友，她抛开了生活中的一切，对这个世界既冷淡又怨恨。"为什么我最爱的侄儿会死？为什么这个好孩子还没有开始他的生活就离开了这个世界？为什么他会死在战场上？"她觉得自己没有办法接受这个事实。她悲伤过度，决定放弃工作，离开家乡，把自己藏在眼泪和悔恨之中。就在她清理桌子准备辞职的时候，突然看到一封她已经忘了的信——一封她的侄儿生前寄来的信。那时，她的母亲刚刚去世。侄儿在信上说："当然我们都会想念她的，尤其是你。不过我知道你会平静度过的，以你个人对人生的看法，就能让你坚强起来。我永远不会忘记那些你教给我的美丽的真理，不论我在哪里生活，不论我们分离得多么遥远，我永远都会记得你的教导,你教我要微笑面对生活,要像一个男子汉,要承受一切发生的事情。"

康妮把那封信读了一遍又一遍,觉得侄儿就在自己的身边,正在向自己说话。他好像在对自己说:"你为什么不按照你教给我的办法去做呢?坚持下去,不论发生什么事情,把你个人的悲伤藏在微笑的后面,继续生活下去。"

侄儿的信给了康妮莫大的鼓舞,她觉得人生又充满了希望,她又回去工作了,她不再对人冷淡无礼。她一再对自己说:"事情到了这个地步,我没有能力改变它,不过我能够像他所希望的那样继续生活下去。"

康妮把所有的思想和精力都用在了工作上,她写信给前方的士兵——给别人的儿子;晚上,她参加成人教育班,她要找出新的兴趣,结交新的朋友。她几乎不敢相信发生在自己身上的种种变化。她说:"我不再为已经过去的那些事悲伤,现在我每天的生活都充满了快乐——就像我的侄儿要我做到的那样。"

伊丽莎白·康妮学到了我们所有人迟早都要学到的事情,就是我们必须深知覆水难收的道理,很显然,环境本身并不能使我们快乐或是不快乐,我们对周围环境的反应才能决定我们的感觉。

著名伦理学家 R·W·爱默生说："心理健全的衡量标准是到处都能看到光明的秉性。"

快乐或随时保持人的思想的愉悦，能够在漫不经心的练习中巧妙地、系统地培养出来。首先，快乐不是在你身上发生的事，而是你自己所做的、取决于你自己的事。如果你等着快乐主动降临，或者碰巧发生，或者由别人带来，那你可能要等很长时间。除了你自己以外，谁也无法决定你的思想。如果你等着环境来"验证"你所进行的快乐思维，你可能要等上一辈子了。任何一天都有好与坏，没有哪一天、哪种环境是百分之百的"好"。这个世界上和我们的私人生活中，不断出现的各种因素和"事实"，它们体现出的不是一种悲剧、抱怨的看法，就是一种乐观、快活的看法，这完全取决于我们的选择。在很大程度上，这是一个选择、注意和决定的问题，而不是思想上的诚实或不诚实的问题，好与坏同样"真实"。

《本杰明·富兰克林自传》中写道："能否快乐的关键问题仅仅在于我们主要注意哪一方面，我们的思想集中在哪一方面。"

有微笑的地方就有希望

生活中，总会遇到困难，有时甚至还要面对挫折或是死亡的威胁，但是一个人只要具备了淡然如云、微笑如花的人生态度，任何困境和不幸都能被锤炼成通向平安的阶梯。

有一个年近50的妇女，她的头发已经开始花白，她每天都会在一个小书摊前卖一些旧书。虽然她看上去满脸疲倦，但面容上却始终挂着温暖而平和的微笑。她原本有着一个清贫但又温暖的家，不幸的是，她的丈夫遭遇了车祸，躺在床上需要别人照顾，孩子还要上学，原本就清贫的生活一下子跌入贫困的深渊。

为了支付丈夫的医疗费，她几乎变卖了家中所有值钱的东西，本来不大的小屋现在却显得冷冷清清，虽然生活更加惨淡，但是她仍然每天微笑着面对丈夫。她的丈夫虽然受了伤，但脸上的微笑和她的微笑一样温暖而平和，外人根本看不到那种重伤在身、贫困交加的人所表现出来的厌世、焦躁、淡漠与敌视的神情。那张脸虽清瘦苍白，但洋溢出来的微笑却如花般灿烂、美丽。这给了自己的妻子多么大的鼓励啊！

那时，她的一个女儿正在读高中，正是花钱的时候。面对人生的不幸，她没有低头，而是想尽一切办法来增加家中的收入。后来她又弄了点儿旧书来卖，成本不高，周期短，能赚多少算多少，只求能把这个家支撑下去。有时她也会对别人讲自己生活中一些使人忧心的事，不过她在讲述那些常人也许无法承受的不幸时，她的脸上仍带着淡淡的笑容。

有微笑的地方就有希望，有微笑的地方就有力量。如果你在遇到挫折或不幸时，请你也像他们那样微笑如花。这家人的生活很不幸，却能示人以如花的微笑，使人无时无刻都能感受到那种蕴含在微笑后面坚实的、无可比拟的力量——那是一种高格调的真诚与豁达，一种直面人生的成熟与智慧，这才是支撑起希望的基石。

如花的微笑，能使自己得到幸福，也能感动别人。

一个寒冷的冬天，在美国纽约一条繁华的大街上，有一个双目失明的乞丐，他的脖子上挂着一块牌子，上面写着："自幼失明。"有一天，一个诗人走到他的身旁，他便向诗人乞讨。诗人说："我也很穷，不过我可以给你点儿别的。"说完，他便随手在乞丐的牌子上写了一句话。

那一天，乞丐得到很多人的同情和施舍。后来，他又碰到那个诗人,就很奇怪地问:"你给我写了什么呢?"那诗人笑一笑,念了牌子上他所写的句子:"春天就要来了,我在心里微笑着迎接它。"

不同的表达方式,换来完全不同的结果,诗人的妙处在于他激发了人们内心深处强烈的同情。

悲观者比乐观者经历更多的失望,这是不足为奇的。悲观者自找失败,而乐观的人是聪明的,他们总是微笑着面对人生,相信凡事都会有好起来的时候。

扔掉那可笑的"自怜"

生活本身就是不公平的,当一个人在面对不公平的时候,他会无休止地抱怨自己的命运,认为生活亏欠了他,他认为没有人能够比他更痛苦,认为自己是世界上最倒霉的人。他会自怜自艾,就像世界只对自己不公,可是这样又有什么用呢?

当年法国大文豪维克多·雨果被当权者驱逐出境,流落在英吉利海峡的泽西岛上,那时候他又患重病。每当夕阳西沉时,他都会坐在一张长椅上俯瞰海港,面朝大海,深陷在苦思冥想当中。然而在想了很久之后，他总会缓慢而坚定地站起来，然后捡起一堆石头，将这些石头一块块扔向大海，扔完了，他就会面带微笑，神情开朗地离去。他这一举动引起了人们的注意。一天，一个大胆的孩子走上前来问他："为什么你要来这里还要向海里扔这么多石头？"雨果沉默了一会儿，神情严肃地说："孩子，我扔到海里的不是石头，我扔掉的是'自怜'。"后来，雨果终于将自己的"自怜"战胜，没有让那无益的自怜消灭自己的斗志，他也因此战胜了逆境，创造了自己的辉煌，成就了自己的伟大事业。

亲爱的朋友，将我们的情形与雨果做个比较，你还认为自己是受伤最严重的那个吗？你还认为生活只对你一个人不公吗？如果你总觉得周围一片黑暗，也许那是因为你自己背向太阳，遮去了太阳的光辉。请你转身，面向光明，像雨果扔石头那般，将自己的自怜扔掉。不要给自己制造太多的借口，这样你就能睁开自己的眼睛发现生活中的美好，让自己有力量去适应逆境，让自己紧握手中的自信的刀剑，披荆斩棘，勇于开拓自己前进的道路。

自怜是自尊、自爱、自励、自信的对立面，是不健康的。自怜会让你的锐气丧失，会侵蚀你的灵魂和精神，浪费你宝贵的时间，成为你闯出逆境的最大的敌人，可以说，自怜一直发展下去就会使你失去所有。时间的轮盘从不会因弱者的呼唤而停留，若你想成就一番大事业，那么你就必须摆脱自怜的束缚。

这个世上什么速度最快？也许小孩子会说火箭，当然，火箭的速度确实惊人。可你若是问一个大人，他的回答也许是光速，也有可能是时间。可在我看来，人的思想是最快的。你的思维跳跃几乎不需要时间，思维循环也快得让人难以想象。

让我们看下，消极的人的思想是如何一步步滑落至败局的。

当朋友或恋人没打电话来时，悲观者的思维过程如下：

在得知他没有打电话，可以推断出有更好或者更有趣的事情要做。若他在乎我，他的电话就会马上打过来了。可是从上面可知，他并非真的在乎我，结论是我好像永远难以找到在乎我的人。或许我非常没有吸引力，让人很厌烦，或许我并没有得到他的心，不可能永远与人建立一种天长地久的亲密关系，会被抛弃，生命对于我来说是毫无意义的。

我们飞速旋转的思维会让我们得出这样的结论：我是个令人讨厌的人，没有人在乎我，平时我得到的只是别人的一丝同情。可现在别人很忙，就没有人可怜我了，我就这样遭到所有人的抛弃，那我在这个世上活着还有什么意义？我们的思想会将我们带入更坏的境地当中，可是这一切又是如此迅速，有时几乎不需要时间。

恶性的思维发展是不自信的表现，它往往会导致恶性循环。

譬如，当你身处绝境时，你就会想到放弃，不再做任何的努力，在你看来无论如何努力结果都是一样的，是不会有任何进展的。然而这种思维没有任何转变的时候，你就会认为自己没用，这种毫无价值感的存在会让你更加绝望，认为自己在这个世上活着毫无意义，生活只会愚弄你，还不如……

这种思维陷入恶性循环，才是我们自身的可怕绝境，所以一定要想方设法摆脱。在这种循环中你可以有很多突破点，你应该这样告诉自己：虽然现在我并没有突破，但并不等于我是个毫无价值的人，只是我的努力还不够，所以我需要更加努力。用积极的表现来勉励自己，让自己在欣赏中努力，欣赏自己因努力而取得一点儿成果和进展。积极主动的行事方式有助于摆脱恶性思维循环。转变消极态度，让乐观积极的态度陪伴前行。

下篇

哪有什么水到渠成,成就成在大气

第七章　大气者逆境求生，从不畏缩

苦难对强者来说根本不算什么

在 8 岁那年，他遭遇了一场意外爆炸事故，导致双腿受到严重损伤，腿上没有一处完整的肌肤，医生曾断言他此生再也无法行走。可是他并没有因此哭泣，而是大声告诉自己："我一定要站起来！"

他在床上躺了两个月之后，便开始尝试着下床。他总是背着父母在房间里挂着父亲为他做的那两根小拐杖挪动。刻骨的疼痛将他一次次击倒，虽然他跌得遍体鳞伤，但是他没有太在乎，他一直相信自己能够重新站起来，重新起来跑步。几个月后，他的两条腿可以慢慢屈伸了。他在心底默默为自己加油："我站起来了！我站起来了！"

离家两英里有一个湖泊，他喜欢那边的蓝天碧水和小伙伴。他一心想去湖泊，于是，他每天锻炼自己。两年后，他凭借自己顽强、坚韧的毅力走到了湖边。此后，他又开始练习跑步，他将农场上的牛马作为追逐的目标，数年如一日，寒暑不放弃。后来他的双腿"奇迹"般强壮起来。再后来，他通过不断的努力和挑战，成了美国的长跑运动员。他就是美国体育运动史上伟大的长跑选手——格连·康宁罕。

在我们身边也有一些普通的人，他们虽然不像格连·康宁罕那样有名，但他们同样用辛酸的汗水和泪水去创造自己的一生，让自己的人生过得很精彩。

她从出生就没有手脚，生下来时手脚的末端就是个光秃秃的圆球。等到她8岁的时候，她明白了一些事情，这时候的她想到了死。但命运很会捉弄人，她没有找到寻死的方法。她试着用头去撞墙，因为没有手脚可以支撑她，所以碰出了好多血泡，被摔得一脸血肉模糊，但是依然活着；后来想到了绝食，但却遭到了母亲的责骂："8年了，我辛辛苦苦养了你8年……"看着母亲辛酸、悲伤的泪水，她从心底发誓："我要像常人一样坚强地活下去。"

她开始训练自己使用筷子。她试着先将一只手臂放在桌边，然后用另一只手臂从桌面上将筷子滑过去，然后两个肉球就这样夹起了筷子。她从一根筷子开始，然后再到两根筷子。就这样过了一年，虽然血痕累累，但是在她9岁那年，她终于可以自己用筷子吃饭了。

学会拿筷子后,她开始学着走路。她将腿直立于地面,尽量使自己的身体能够保持平衡,和地面接触的部位从血痕磨到血泡,从血泡磨到厚厚的茧,摔倒了再爬起来,血水中夹杂着汗水,就这样往复循环。一年后,她终于学会了走路。

就在那一年,她有了学习的想法。在父母及老师的帮助下,她成了村里小学的一名编外生。自此,她将胶皮缠在自己的腿上,不管风雨还是寒暑,她都坚持早早到学校上课。她用手臂的末端夹笔写字,用了别人10倍的努力来逼迫自己,就这样从小学到初中,再到自学财务大专。

1988年,云南省的一家工厂破格录用她为会计。后来她因为回报自己的父母而回到了家乡。回到家后,她有了新的想法——去卖水果。再后来,她不仅成了远近闻名的孝女,而且"贩回"一个健康高大的丈夫,膝下有一对可爱活泼的儿女,一家人甜蜜温馨,幸福美满。

她的名字叫胡春香。

我们一生中难免会遇到各种各样的苦难,不管是先天性的残缺还是后天受到的伤害,但只要我们能够正视这些挫折与苦难,用乐观的态度和积极的行动去面对,就一定会赢得掌声,赢得成功,赢得幸福。

不在逆境中沉沦，只在逆境中求生

在美国加州有一位快乐的农夫皮特，可是当他买下那块农地的时候，他觉得非常沮丧，因为这块农地不能种水果而且还不能养猪，那块地只有白杨树，而且有许多响尾蛇。不过，他自己有了个很好的想法，就是把这些东西都当成自己的资产，他想利用这些响尾蛇来做点儿事情——他想做响尾蛇罐头，这很让人吃惊。

现在，皮特的生意做得非常大，每年参观他的响尾蛇农场的游客差不多就有2万人；他将响尾蛇取出来的蛇毒送到各大药厂来做血清；并且他将响尾蛇的皮用很高的价钱卖出去做成女人的皮包和皮鞋。为了纪念他能够将有毒的响尾蛇做成鲜美的响尾蛇罐头，政府决定将这个村子改名为响尾蛇村。

伟大的心理学家阿佛瑞德·安德尔用了一生的时间来研究人类所隐藏的保留能力之后，说："人类最有趣的奇妙的特性之一，就是'把负的力量变成正的力量'。"

如果我们能够做到，请将这句话写下来放到你的床头：

生命中最重要的一件事，就是不将自己的收入当作资本，头脑不清醒的人才会这样做。真正重要的事情就是让自己在损失中也能够获利。不过这个就需要你的智慧，正是这一点，才是一个聪明人和一个傻子的区别。凯斯顿是20世纪美国纽约福克斯公司的电影制片人，他已经工作了20年，他认为这是他唯一能够做的工作。可不幸的事情发生了，突然有一天他丢掉了自己的工作，他非常沮丧，不知道该怎么办。他不知道自己除了这份工作还能做些什么。有一天，他在大街上漫无目的地闲逛，恰巧碰上了过去的一位同事。这位同事的一番话打开了凯斯顿的心扉，使得他走出了人生的低谷，开始迈向成功的人生。

凯斯顿后来回忆他们当时的对话："他对我说：'你担心什么——你的本事多得很。'我记得自己当时很沮丧地说：'真的？我有什么本事？'他告诉我：'你是一个了不起的推销员。并且这么多年来你一直将很多电影的构想去推销给总公司。天知道，若你能把这些推销给那些老奸巨猾的人，那么你就能成功地将所有的东西推销给其他人。'

"接着他又说：'当然，你还是个写宣传企划的高手，你的影片宣传企划一直都做得很好，所以你干这一行一定没问题。'然后他不经意地说出最后的几句话：'不用说，你最擅长的是把一大堆人凑在一起工作——这本来就是制片人的职责。因此你可以开一家自己的演员经纪公司，然后狠狠地赚一笔，当然在我看来你的出路还多得很呢.'

"他在我肩膀上拍了一下，我们就此告别，我又独自在街角待了很长时间。这短短的几句话改变了我的人生。"

凯斯顿听了朋友的话，将自己的人生方向及时进行了调整，开启了自己新的人生路。如今他开了自己的公司，并且独立承接自己的电影企划宣传，凯斯顿就这样成功了。

人总会有不顺心的时候，很多人沉沦在逆境当中。但是若你相信自己的人生会不一般，并且能够及时调整自己的方向，换个角度重新审视自己的生活，就会出现茅屋变宫殿的奇迹。

成功是失败的尽头

往往，最后的成功正是孕育在千百次的失败之中。其实，成功与失败之间并没有绝对不可跨越的界限，成功是失败的尽头，失败是成功的黎明。失败的次数越多，成功的机会越近。

任何成功都不是轻而易举得来的。无论你遇到多么大的挫折，遭遇多大的困难，你都要告诉自己："我绝对不能退

人生三气 赢在和气 毁在脾气 成在大气

缩，只需努力尝试，就能成功！"事业取得成功的过程，实质就是不断战胜失败的过程。因为任何一项事业要想取得相当的成就，都会遇到困难、挫折和失败。例如，在工作上想搞改革，越改革矛盾越突出；学识上想有所创新，越深入难度越大；技术上想有所突破，越攀登险阻越多。著名科学家法拉第说："世人何尝知道，那些科学研究工作者头脑里的思想和理论中，有多少被他自己严格的批判、非难的考察，而默默地、隐蔽地扼杀了。就是最有成就的科学家，他们得以实现的建议、希望、愿望以及初步的结论，也达不到十分之一。"这就是说，世界上一些有突出贡献的科学家，他们成功与失败的比率是1：10。至于一般人，与这个比率相比当然要低得多。因此，在通往成功的道路上，能不能经受住错误和失败的严峻考验，是一个非常关键的问题。

由于出现错误，遭受挫折和失败，有人就徘徊不前，半途而废；有人就唉声叹气，踟蹰不前；有人则悲观失望，自暴自弃。然而，错误和失败并不因为人们的不快、悲叹、惊慌和恐惧而不再光临。相反，怕犯错误，怕遭失败，却往往会犯更大的错误，遭受更多的失败。所以，对待错误和失败应该有科学的认识和正确的态度。

闻名于世的大作曲家贝多芬说："卓越的人的一大优点是：

下篇　哪有什么水到渠成，成就成在大气

在不利于己的遭遇下百折不挠。"从事任何一项事业，先要决定志向，志向决定以后，就要全力以赴、毫不犹豫地去实行。

法国作家凡尔纳年轻时写的第一本著作，是名为《气球上的五星期》的科幻小说。

当他兴高采烈地将自己的处女作送到一家出版社时，总编辑翻了书稿后，感到书中说的尽是不切实际的幻想，而且写作手法也离经叛道，便婉言拒绝出版。

在一连被15家出版社拒之门外之后，凡尔纳开始灰心丧气。他坐在火炉旁撕开手稿，一张一张地往火炉里扔。幸亏他的妻子发现，才阻止了他的焚书行动，并劝他再试一次。凡尔纳第二天又将书稿整理好送到第16家出版社。出乎意料，这家出版社独具慧眼，不仅立即给予出版，而且与凡尔纳签订了为期20年的合同，要凡尔纳把今后写的全部科幻小说都交给他们出版。

《气球上的五星期》出版后，立即轰动文坛，凡尔纳一举成名。

成功往往就在于——面对失败不退缩。试想，凡尔纳如果不跑这第16家出版社，还会有这部不朽的传世名作吗？还会有大作家凡尔纳吗？所以，遇到挫折，千万不能退缩，不能轻易放弃。只有努力尝试，才能成功。

犯错误,遭受挫折和失败,这是坏事。错误和失败造成的困惑是痛苦的。但是,在迈向成功的道路上,错误和失败是不可避免的,它们具有重要的价值。

任何成功都包含着失败,每一次失败都是通向成功的台阶。爱因斯坦指出:"正确的结果是从大量错误中得出来的,没有大量错误做台阶,也就登不上最后正确结果的高峰。"有志气、有作为的人,并不是因为他们掌握了什么走向成功的秘诀,而恰恰在于他们在失败面前不唉声叹气、不悲观失望。

大发明家爱迪生经过 6000 余次的失败,才终于发明了电灯,给世界人民带来了黑夜中的光明。他在总结这段经历时说:"我对电灯问题钻研最久,试验最苦,但是从未灰心,更不信试验会不成功!失败和成功对我一样有价值。"著名药物学家欧立希发明一种名叫砷凡纳明的新药,这种药能够治疗梅毒和昏睡病。他在试制过程中,遭受过 605 次失败,这使他痛苦万分,但他并未就此止步,而是继续坚持试验,终于在第 606 次试验中取得了成功。因此,欧立希把这种新药命名为"606"。一盏电灯要试验 6000 多次,一种新药要试验 606 次,这中间经历了多少艰辛!成功与失败的差距只在于完全做对一件事情和几乎做对一件事情。如果你能在挫折面前不退缩,那么,你一定能走向成功。

失败并不能让强者退缩

　　提到辉煌一时的西尔斯-娄巴克公司，人们就会想起罗森沃德这个全美最大的百货公司曾经的最大股东，这个 20 世纪美国商界的风云人物。然而，很少有人知道罗森沃德曾遭遇的失败与艰辛。

　　1862 年，罗森沃德出生在德国的一个犹太家庭，少年时随家人移居北美，定居在伊利诺伊州斯普林菲尔德市。

　　罗森沃德的家里比较贫困，为了维持生活，中学毕业后，他就到纽约的服装店当跑腿，做些杂活儿。由于受犹太人的教育影响，罗森沃德很小就拥有了艰苦奋斗的精神。

　　当一个服装店老板是罗森沃德一直以来的奋斗目标。为了实现这个目标，他除了把自己的本职工作做好外，其余全部时间用于学习商业知识，找有关的书刊阅读。

　　到 1884 年，已经有了一些资金和经验的罗森沃德决定自己开设服装店。可是，商场毕竟不像他起初想象的那么简单，由于经营不善，他的商店门可罗雀，生意极为不佳，经营了一年多，把积蓄的一点儿血汗钱全部赔光了，商店只好关门。罗森沃德垂头丧气地离开纽约，回到了伊利诺伊州。

罗森沃德开始反复思考自己失败的原因。最后，他找到了症结所在：服装是人们生活的必需品，但又是一种装饰品，它既要实用，又要新颖，这样才能满足各种顾客的需求。而自己经营的服装店，没有自己的特色，也没有任何新意，再加上自己的商店未建立起商誉，没有销售渠道，注定是要失败的。

失败的原因找到了，下一步便是"对症下药"，进行改进。罗森沃德将更多的热情投入到了服装的经营学习中。他一边到服装设计学校去学习，一边进行服装市场考察，特别是对世界各国时装进行专门研究。一年后，他对服装设计有了独到的见解，对市场行情也看得较为清楚。

于是，他决定重整旗鼓，向朋友借来几百美元，先在芝加哥开设了一间只有 10 平方米的服装加工店。他的服装店除了展出他亲自设计的新款服饰图样外，还可以根据顾客的需求对已定型的服饰进行改进，甚至完全按顾客的要求重新设计。因为他的服装设计款式多，新颖精美，再加上灵活经营，很快博得了客户的欣赏，生意十分兴旺。

经过两年的努力，罗森沃德的服装店规模一再扩大，并改为服装公司，大批量生产各种时装，从而为日后罗森沃德的财富和地位奠定了坚实的基础。

失败并不能让强者退缩。痛定思痛，强者在失败面前选择的是鼓起勇气,是再一次的努力。待拼搏奋进之后,收获的则是成功。

即使命运不公,也可以活出灿烂

赖斯利说:"人生的意义不在于拿到一副好牌,而在于怎么样打好一副烂牌。"英国教育大臣戴维·布伦基特是位盲人,他也是位聪明过人且具有远见卓识的学者。他生下来就没有视力。母亲在得知儿子是盲人后,当即休克,而且头发一下子就变白了。布伦基特4岁进入盲人学校学习,12岁时父亲因工伤去世,从此家庭失去了经济来源,布伦基特转入技术学校学习。他学会了挡车工、调琴师、速记员等多种职业所需要的技能。

从1987年起,布伦基特就被选为英国下议院议员,而且是工党影子内阁的教育大臣。在议会上,他经常与保守党议员唇枪舌剑。他用词尖刻,论据有力,常使保守党议员处于被动地位。伦敦一家报纸的老总曾怀疑布伦基特不是个盲人,于是派一女记者去调查。布伦基特故意恭维说:"您的连衣裙真漂亮!"这更让调查者莫衷一是。

布伦基特每周工作6天,每天工作16个小时。早晨7点起床后,他一边喂狗,一边听新闻。狗是他的向导,即使开会,他也要把狗带在身边。

这件事情看起来真不可思议——天生就是盲人的布伦基特竟然在教育非常发达的英国当上了教育大臣。这之间有多少动人心魄的故事,他付出了多少代价,都是难以想象的,我们也无从知晓。但从中我们可以肯定的是,他并没有因为自己的缺陷就放弃了自己,更没有因为自己是盲人就一蹶不振、自暴自弃。

很多成功人士有着这样或那样的缺陷,但他们都没有因此而自卑,而是超越了这些弱点,成就了自己的精彩人生。

爱迪生小时候因为被司机暴打导致耳朵失去了听觉,但他居然发明了留声机。成名以后,他还要说要感谢那位司机打了他,使他耳根更加清净,少了很多繁杂,才能有了那么多伟大的发明。

美国科学家弗罗斯特推算出太空星群及银河系的活动变化,可他自己只是个什么也看不见的盲人。

达尔文被病魔缠身40多年,仍然四处考察,发表了著名的进化论。"如果我不是有这样的残疾,"那个在地球上创造出生命科学基本概念的人写道,"我也许不会完成这么多的工作。"达尔文承认他的残疾对其成功起了很大的激励作用。

第八章　大气者不拘常规，思维灵动

逆向思维里藏着未知的奇迹

在生活当中，有很多通过逆向思维获得成功的事例。某时装店的经理不小心将一条高档呢裙烧了一个洞，其价值一落千丈。但如果他用织补来补救的话，也许能够欺骗顾客，将就下去。可是这位经理却有了个奇特的想法，他将计就计，干脆在小洞的周围又挖了许多小洞，并精于修饰，将其命名为"凤尾裙"。一下子，"凤尾裙"卖得很火爆，该时装店也出了名。经理通过逆向思维给自己创造了很多的经济利益。无跟袜的诞生与"凤尾裙"有异曲同工之处。因为袜跟很容易撕破，但是一破就相当于毁了一双袜子，商家通过逆向思维，试制成无跟袜，创造了非常好的商机。

在创造发明的路上，更需要逆向思维，通过逆向思维可以获得很多不可思议的奇迹效果。

洗衣机的脱水缸的转轴是软的,只要用手轻轻一推,脱水缸就会东倒西歪。可是脱水缸高速旋转时却会非常平稳,而且脱水效果非常好。当初设计时,为了解决脱水缸的颤抖和由此产生的噪声问题,工程技术人员想了很多办法。他们先加粗转轴,无效,后加硬转轴,这样仍然无济于事。到最后,他们通过逆向思维,弃硬就软,将软轴代替了硬轴,成功将颤抖和噪声两大问题解决了。这就是用逆向思维创造发明的典型例子。

传统的破冰船都是依靠自身的重量来压碎冰块的,所以它的头部都是采用高硬度材料而制成的,不过这样的设计显得十分笨重,而且转向非常不便,因此这种破冰船都很害怕侧向漂来的流水。苏联的科学家通过逆向思维,变向下压冰为向上推冰,就是让破冰船先潜入水下通过浮力来向上破冰。这种破冰船非常灵巧,不但节约了材料,而且还不需要很大的动力,自身的安全性质也大大提高。在遇到较坚厚的冰层,破冰船会像海豚一样上下起伏前进,它的破冰效果非常好,被誉为"20世纪最有前途的破冰船"。

我国发明家苏卫星发明的"两向旋转发电机"在1994年诞生,在当年8月获得中国高新科技杯金奖,并且得到了联合国 TIPS 组织的关注。1996 年，丹麦某大公司曾想用 300 万元人民币买断其专利，可见其价值之大。

说到"两向旋转发电机"的发明，也是通过逆向思维来获得成功的。翻阅国内外科技文献可以发现，发电机共同的构造是各有一个定子和一个转子，只有转子转动，而定子不动。可是苏卫星发明的"两向旋转发电机"的定子也在转动，发电效率比普通发电机提高 4 倍。苏卫星说："我来个逆向思维，让定子也'旋转起来'。"这就是他获得成功的基础，这种创造发明的思维也是一大贡献。

日本虽然是一个经济强国，但是它的资源非常贫乏，所以日本人非常崇尚节俭。当复印机大量吞噬纸张的时候，他们会把一张白纸正反两面用，这样一张可以当两张用，节约了一半。可是日本理光公司的科学家并不满足，他们通过逆向思维，发明了一种"反复印机"，复印过的纸张通过它以后，纸张上面的图文就会消失，重新变成一张白纸。这样一来，一张白纸可以重复使用多次，不仅财富得到提升，而且还节约了资源，使人们树立起新的价值观：节俭固然重要，创新更为可贵。

逆向思维最宝贵的价值在于它对于人们认识的挑战，使人们对事物的认识不断深化，也因此而产生"原子弹爆炸"般的威力。我们应该通过逆向的思维来创造更多的奇迹。

某企业党委实行差额选举,决定从 23 名候选人中选出 21 名党委委员。常规的做法是按党员代表数量发出选票,选票上面有 23 位候选人的名单。代表拿到选票后"择出"同意的那 21 位候选人,投票以后,这些票会由监票人来进行统计,最后,21 位最高得票者当选。虽然这是常规的做法,并没有什么不妥。但是,这种做法使得效率低下。对于这个问题,可以通过逆向思维,这样的做法可以完全改动:当拿到选票后,"择出"自己不同意的那两位,唱票的时候一张选票就只有两个人名。到最后,谁的"票多"谁就落选。这样,每一张选票的唱票时间是原来的 1/10,选举的效率大大提高了,并且提高了 10 倍。可是你只要仔细想想就会发现,这种做法不仅提高了效率,并且使得候选人和代表的责任感得到提高。选取赞成的 21 位时,很多人都是从前往后选择,但只要不是很不顺眼就按照顺序可以往下选了,最后的结果往往是居于最后面位置的两位候选人落选的可能。所以这种做法使得落选之人的压力并不是很大,这也怪不得别人不选。可要代表从 23 位候选人中选择出 2 位自己认为不合适的人,对于候选人来说压力就加大了,他必须十分注重自己的形象,改进自己的不足之处。对于代表来说,非常有必要慎重地考虑,将自己的意见负责任地表达出来。

推陈出新与保持传统并不冲突

我们每个人都有可能成为具有创新能力的人,关键是看我们有没有创新的观念和意识,能否掌握创新的思维方法和运用创新的基本技法。

推陈出新也绝非一味求新求异,而是要在牢固掌握基本技能和知识的基础上,在已有的成就上逐步寻求更大的收获,这才是创新的真正意义。

久克兰是专售巧克力的商人,他每到夏季便苦闷异常,因为巧克力变软,甚至熔化,销售量急剧下降。他苦思冥想,制造了一种专供夏季消暑用的硬糖,造型上一改块状、片状型,而压制成小小的薄环。

1912年,他正式批量生产这种命名为"救生圈"的带有薄荷味的硬糖,颇受大众欢迎,至今畅销不衰。

任何人都可以推陈出新,重要的是具有这种意识和观念,以及勇于尝试的精神。

日本一位家庭主妇,将收缩薄膜覆盖在晒衣竿上并浇上热水。由于薄膜收缩,贴在晒衣竿上,于是变成了晒衣竿的塑料薄膜。这是20年前的一件价值100万日元的发明。实践告诉我们,只有不断地创新,不断地否定自己已有的见解,才能生产出更新颖、更富有创造性的知识产品,不断超越和发展。然而,知识本身只能是客体,它自己本身不会创造,人才是创新、开发、传播和运用知识的主体。

人人都懂得创造的重要性。尤其是在今天这个科学技术不断更新、人与人之间的竞争更加激烈、个人奋斗和集体思想同样重要的社会里,创新更是取得成功、实现自我价值的必经之路。

毫无疑问,我们正处在知识经济这样一个崭新的时代,一个亟须创造精神的时代。

知识经济的首要特征就是创新性,创新是知识经济的核心和灵魂。

对于个人来说,若要在经济社会中获得自我价值的实现,追求成功的人生,就必须培养和展现自己的创新素质,否则,将难以在激烈的竞争中凸显自己的价值。创新,是自我实现和自我完善的最关键的素质。

创新就是在原来的基础上或一无所有的情形下,创造出新的东西。创新需要创新能力,创新能力不仅是一种智力特征,更是一种性格素质,一种精神状态,一种综合素质。

要推陈出新,绝不是把一切都扔掉,也不是连一些经得起时间考验的学识和经验都通通抛弃，不加选择地否定。要知道，经验是我们在生活、学习、工作中总结出来的最实用的规律性的感觉，是做任何事都可以运用的原则性的体验。而有的知识，并不是短时间内就能更新换代的，相反却是放之四海而皆准、引导人类进行创新的理论。

因此，在寻求突破时，抛弃的并非是一切已经存在的东西，而是有所选择地否定那些逐渐僵化、生硬、陈腐、过时的观念和道理，包括我们认为非常成功却逐渐落伍，只能承载我们过去的辉煌的东西。

实际上，基本知识是我们创造的根本，是寻求突破的必经之路。如果一名运动员连运动规则都不懂，整天想着如何向世界冠军进发，这只能是一种妄想。同样，一名作家的作品在国内尚无人赏识，却试图去拿诺贝尔文学奖，并且完全抛弃自己的风格去学习那些诺贝尔奖得主的写作手法，最后的结果也是可想而知的。

可见，我们在突破陈旧的思维，追求更大的成功时，应切忌好高骛远，被他人的成功所迷惑，从而失去目标的准确性和可行性。创新能力不仅表现为对知识的摄取、改组和运用，对新思想和新技术的发明创造，而且是一种追求卓越的意识，是一种发现问题、积极探求的心理取向，是一种主动改变自己,并改变环境的应变能力。

创新能力的培养,固然需要全新的素质教育氛围和先进的社会文化环境的熏染,但对于个人来说,关键在于发展创新个性、心理、品质。事实上,人的创造性潜能是与生俱来的,只要愿意发掘,人人都可以开发自己的创新性潜能,成为具有创造性的人。

成为具有创造性的人需要后天的训练,需要克服可能出现的人格缺陷。成为创造性的人,是做人的最高价值指向,而且乐趣无穷。

事实上,我们每个人都有可能成为创新的人,关键是看我们有没有创新的观念和意向、有没有创新精神、是否有创新能力、是否掌握了创新的思维方法和运用创新的基本技法来训练自己的创新思维和能力。

思维定式,怎知不能突破

有了创新思维才能开始创新活动,有了创新活动才能取得创新成果。一个人的思维能力总体处于发展、变化的趋势中,但也会存在一种相对稳定的状态,这种状态是由一系列的思维定式所构成的,由一系列思维定式的品质所体现。有位警察到森林里去打猎,他在野兽经常出没的地方隐蔽起来。忽然,一只鹿跑了出来,这位警察立即跳过灌木丛,朝天开了一枪,并大喊:"站住,我是警察!"这就是思维定式。

人们发现问题、研究问题、解决问题往往都是凭借原有的思维活动的路径(即思维定式)进行思考的。人们认识未知、解决未知,都是以已知或已知的组合变换为阶梯。要想提高思维能力,就要突破原来的思维定式、更新原来的思维模式,优化、深化思维的品质。

那么,如何突破思维定式,更新思维模式呢?可从以下几个方面来尝试。

1. 突破书本定势

有位拳师,熟读拳法,与人谈论拳术滔滔不绝,拳师与人对战也确实战无不胜,可他就是打不过自己的老婆。拳师的老婆是一位不知拳法为何物的家庭妇女,但每每打起来,总能将拳师打得抱头鼠窜。

有人问拳师:"您的功夫都到哪儿去了?"

拳师恨恨地道:"这个死婆娘,每次与我打架总不按路数进招,害得我的拳法都没有派上用场!"

拳师精通拳术,战无不胜,可碰到不按套路进攻的老婆时,却一筹莫展。

"熟读拳法"是好事,但拳法是死的,如果盲目运用书本知识,一切从书本出发,以书本为纲,脱离实际,这种由书本知识形成的思维定式反而使拳师遭到失败。

"知识就是力量。"但如果是死读书,仅限于从教科书的观点和立场出发去观察问题,不仅不能给人以力量,反而会抹杀我们的创新能力。所以学习知识的同时,应保持思想的灵活性,注重学习基本原理而不是死记一些规则,这样知识才会有用。

2. 突破经验定势

怎样才能突破经验定势呢?要有"初生牛犊不怕虎"的精神。初生的牛犊之所以不怕虎,是因为不知老虎为何物,在它脑中没有"老虎会吃人"的经验定势。因此见了老虎,敢于本能地用牛角去顶,而这时,带上"牛见了我会逃跑"思维定式的老虎,反倒不知所措,于是落荒而逃。

在科学史上有着重大突破的人,几乎都不是当时的名家,而是学问不多、经验不足的年轻人,因为他们的大脑拥有无限的想象力和创造力,什么都敢想,什么都敢做。下面的这些人就是最好的例证:

爱因斯坦 26 岁提出狭义相对论;

贝尔 29 岁发明电话;

西门子 19 岁发明电镀术；

巴斯噶 16 岁写成关于圆锥曲线的名著。

3. 突破视角定势

法国著名歌唱家玛迪梅普莱有一个美丽的私人园林，每到周末总会有人到她的园林摘花、拾蘑菇、野营、野餐，弄得园林一片狼藉、肮脏不堪，管家让人围上篱笆，竖上"私人园林，禁止入内"的木牌，均无济于事。玛迪梅普莱得知后，在路口立了一些大牌子，上面醒目地写道："请注意！如果在林中被毒蛇咬伤，最近的医院距此 15 千米，驾车约半小时即可到达。"从此，再也没有人闯入她的园林。

这就是变换视角，变堵塞为疏导，果然轻而易举地达到了目的。

4. 突破方向定势

萧伯纳（英国讽刺戏剧作家）很瘦，一次他参加一个宴会，一位"大腹便便"的资本家挖苦他："萧伯纳先生，一见到您，我就知道世界上正在闹饥荒！"萧伯纳不仅不生气，反而笑着说："哦，先生，一见到你，我就知道闹饥荒的原因了。"

"司马光砸缸"的故事也说明了同样的道理。常规的救人方法是从水缸上将人拉出，即让人离开水。而司马光急中生智,用石砸缸,使水流出缸中,即水离开人,这就是逆向思维。逆向思想就是对自然现象、物理变化、化学变化进行反向思考,如此往往能出现创新。

5. 突破维度定势

许多事情找不到答案的原因是习惯于平面思维,没有建立立体的空间思维习惯,而现代化大都市的交通都是立体思维的产物。

认识对象,研究问题要从多角度、多方位、多层次、多学科、多手段去考虑,而不仅限于一个方面,一个答案。

只有不断突破思维定式、超越自我,人生才会更精彩。

"先出售,后建筑"不行吗

要成就大事,你必须先思考你的事业或向自己问问题,只有养成了这样的习惯,在事业的开创过程中,不断地思考,思考自己做过的、正在做的和将要做的事情;不断地向自己提出问题,看一看哪些是应需要弥补的不足之处,哪些是应该改正的错误之处,哪些是应该向别人请教的不明之处……唯有如此,才能前进、成功。

从前,一个年轻的英国人在他家的农场里度假,他仰卧在一棵苹果树下思考问题，这时，一只苹果落到了地上。

苹果为什么会落到地上呢？他问自己。地球会吸引苹果吗？苹果会吸引地球吗？它们会互相吸引吗？这里面包含着什么样的原理呢？

这位年轻人就是牛顿。他用思考的力量获得了一项极其重要的发现——万有引力定律。

其次，向你自己或别人提出问题，并想办法解决它，可能会使你获得丰厚的报酬。这里有一个关于霍英东先生的很好的例子。

自古盖房子出售，都是先盖好房，再出售，对此，霍英东反复问自己："先出售，后建筑，不行吗？"正是由于霍英东这一顿悟，使他摆脱了束缚，迈上了由一介平民变为亿万富豪的传奇般的创业之路。

霍英东是中国香港立信建筑置业公司的创办人。在香港居民的眼中，他是个"奇特的发迹者"。"白手起家，短期发迹""无端发达""轻而易举""一举成功"等，这些议论将霍英东的发迹蒙上了一层神秘的色彩。霍英东的发迹真的神秘吗？不，他主要是运用了"先出售，后建筑"的高招。

霍英东还有另一个可贵的品质，那就是不错过任何一个机会来发展自己的事业。

朝鲜停战以后，霍英东慧眼独具，他看出了香港人多地少的特点，认准了房地产业大有可为。于是毅然倾其多年的积蓄，投资到房地产市场。1954年，他着手成立了立信建筑置业公司。他每日忙于拆旧楼、建新楼，又买又卖，大展宏图，用他自己的话说，他"从此翻开了人生崭新的、决定性的一页"！

如果说霍英东早年经营驳运业是他创业初期试手的话，那么他超人的经营理念则在经营房地产业的过程中得到了充分的体现。之前的房地产业，都是先花一笔钱购地建房，建成后再逐层出售，或按房收租。而他则"变了个戏法"，即预先把将要建筑的楼房分层出售，再用收上来的资金建筑楼房，来了一个先售后建。这一先一后的颠倒，使他得以用少量资金办了大事情。原来只能兴建一幢楼房的资金，他可以用来建筑几幢新楼，甚至更多。同时，他又能有较雄厚的资金购置好地皮，采购先进的建筑机械，从而提高建房质量和速度，降低建造成本，更具竞争力的是，他的楼房位置比同行的更优越而价格却比同行的更低廉。而且，有时他还采用分期付款的预售方式，使人人都能买得起房。

霍英东的"戏法"真是高明，他开创了大楼预售的先河。为了推广"先出售，后建筑"的"戏法"，霍英东率先采用了小册子及广告等形式广为宣传。霍英东的广告效果颇为不错，立信建筑置业公司在短短的几年里所营建、出售的高楼大厦布满了香港、九龙地区，打破了香港房地产业买卖的纪录。

现在，霍英东名下的公司有60余家，大部分都经营房地产生意，或与房地产关系密切。由他担任会长的香港地产建筑商会，经营着香港70%的建筑生意。

霍英东向自己提问，并从问题的反面找到了答案，成就了自己的事业，值得我们学习和借鉴。

任何刚开始创业的人，都要养成的最有价值的习惯，就是在下决心之前，一定要对自己多发问，注意整理自己的思路。这可以让人有一个机会来合理地整理自己的思绪，或回想自己为什么或怎样会有这种决定。

这个过程虽然看起来简单，但在处理难题的实际情况中往往会收到奇效。这有点儿像某些演员所养成的习惯，虽然他们可能对所扮演的角色已经十分熟悉了，但是在开幕之前，仍会迅速地把剧本或他们自己的那部分台词过一遍。

一个成功的推销员曾说，他的成功源于他颇为自豪的习惯，而他的习惯就是：勤于思考，多问自己几个"为什么"。

"我甚至还想出一个秘诀来养成这个习惯。"他说，"去拜访顾客之前，我一定要先静下心，喝杯咖啡，擦擦皮鞋。这样一来,在我真正踏入顾客办公室之前,我有一个最后思索的机会——如何表现自己。所得到的效果好极了!除了能从容地应对对方所提的问题外,还使我推销了很多的东西。"所以我们说,无论所做决定重大与否,一定要在此之前给自己思考的时间,多对自己发问。

我们只有不断地向自己提问,养成这样一种习惯,不仅要发现问题,还要提出问题、思考问题,只有这样,我们才能解决问题,才能在将来的发展中减少问题。

奇思异想也能赚钱

没有本钱的人要想发大财,最需要创造性的奇思异想。只有这样异乎寻常的举措,才会石破天惊,产生出无穷无尽的财富来。世界上这类人并不少见,因为有了奇思异想,便有了许多独特的财路。比如在美国,就有做天上的星星的生意的。这种无本生意,居然还十分赚钱呢!

美国史密森尼安天文物理研究所,在其出版的星象目录中,刊出25万颗星星,但都是用数码符号代替的,没有正式命名。他们以这个作为资本,成立了一家"星象命名公司",专门经营出售星星生意。

他们是怎样操作的呢？重要的一条，就是充分利用传播媒介，借助媒介开道，来打开销路。第一步，他们首先打出巨幅广告：专售星星，全球无二。

广告牌上的甜言蜜语相当诱惑人，比如：

你想你的名字永垂宇宙吗？请买星星！

你想你爱人的芳名闪烁在星空吗？请购买一颗星星！

你想你的亲朋好友的英名永驻人间吗？请你从速购买一颗星星，售价绝对便宜，每颗仅售25美元！

花费25美元就能使自己的尊姓大名与永恒的星辰联系在一起，供世人传说，与天地同寿，这种挡不住的诱惑何乐而不为？因此，这种星象命名生意一经打出，就立即掀起抢购热潮。

一年时间不到，25万颗星星便名花有主了。25万乘25美元，多么可观的一笔财富！只因善用媒介，不费一文本钱这笔钱就到手了。

出售星星在美国能赚大钱，谁敢保证它在中国就不会赚钱呢？希望名垂千古是许多人的梦想。美国人出售星星的创意，实在值得没本钱的创业者好好借鉴。

美国人为什么能有这种奇思妙想，靠天上的星星赚大钱的本事呢？考究起来，有如下几点：

1. 嗅觉敏锐，紧抓心理

他们具有相当敏锐的市场嗅觉，能够抓住消费者求名留世的心理需求。星象命名公司之所以获得成功，就是因为他们能抓住顾客们的市场消费心理，能够巧妙地借助媒介，把原本一钱不值的东西变成了商品，并巧妙地推销出去，真正做到了巧妇偏做无米之炊。

2. 超常思维，独创特色

能够策划出出售星星这样的新创意，非有超越常规的思维方式不可。星象命名公司之所以能成功地策划这宗无本的生意，就在于他们具有不受常规习俗约束的思维方式，能够别出心裁，独辟蹊径，售卖星象，靠天发财。

对于没有本钱的人来说，要想发大财，创造是相当重要且必不可少的。只有通过创造性思维，通过标新立异的创意、设想、构思，通过无形态、无定势、无形式的灵活变通的"液态"思维方式，才有可能做出富有创造性的举措来。也只有这种液态式的思维策略，才极易实现无本生财，能实现从地上捡起一根草绳就能牵出一头水牛来的效果。

天上的星星都可以卖，那么，还有什么不可以卖的呢？

如果你抱定了这种思维方式，那么，即使你目前身无一文，同样可能有朝一日便跃入富豪行列之中去，与他们比肩而立，甚至超过他们。

按照星星可卖的发财策略，人们可以在大千世界中创设出许多全新的行业来，并依赖它们，大赚特赚。

比如，在日本大阪市有一位名叫本宪二的人创立了爱爱服务公司，专门从事寻人活动。他的业务范围全集中在一个"找"字上。比如替你寻找难忘的初恋情人，寻找中小学生时代的同窗好友，寻找战火纷飞年代的患难之交，等等。依靠这种富于诗意的罗曼蒂克的新创意，爱爱服务公司每月都有相当不俗的营业额。这又是依靠创新思维成功赚大钱的著名例证。

小心"常规"的陷阱

生活中，有些人常把一些常规奉为金科玉律，一点儿也不敢有所违背，结果他们往往会掉进"常规"的陷阱里。千万别让思维定式控制了你的人生，只有突破常规，敢于创新，才能一步步走向成功。

传说公元前233年冬天，马其顿国王亚历山大大帝进兵亚细亚。当他到达亚细亚的弗尼吉亚城时，有人告诉他，谁要是想做亚细亚王，就必须解开一个复杂的绳结。

原来,几百年前,弗尼吉亚的戈迪亚斯王在其牛车上系了一个复杂的绳结,并宣告谁能解开它,谁就会成为亚细亚王。自此以后,各国的武士和王子都争相来解这个结,可总是连绳头都找不到,他们甚至不知从何处着手,只得高兴而来,扫兴而去。

亚历山大对这个绳结非常感兴趣,命人带他去看这个神秘之结。

亚历山大仔细观察着这个结,却始终连绳头都找不到。这时,他突然想:"为什么不用自己的方法来打开这个绳结!"

于是,他拔出剑来,一剑把绳结劈成两半,这个保留了数百年的难解之结,就这样轻易地被解开了。

墨守成规将永远落后于人,那么多王子、武士都没能解开戈迪亚斯死结,是因为他们都犯了墨守成规的错误。在他们的习惯认知里,绳结只能一点一点地用手解开,却没有想一想是否还有其他方法。而亚历山大大帝敢于挣脱惯性思维的束缚,与众不同的想法使他成了一名征服者。

别用习惯认知去解决问题,跳出常规思维是创新的第一步。

有一位农夫,在他的家乡有一条很宽的河。一天,他听说河对岸的山上有金矿,各地的商贾纷纷前往河对岸。于是他便在河上架起了一座桥，收起了过路费，从此大发其财。

后来农夫家乡的梨大获丰收，每年都有大批的梨运往各地。当村民都争着栽种梨树时，农夫却种植了大片柳树，然后用柳条编成筐，大受种梨人的欢迎，农夫很快家财万贯。

再后来，一个外商听到了这个故事，大受震动，前来拜访。

当外商找到农夫时，见他正在自己店门口与对门的店主吵架，因为他店里的一套西装标价800元时，同样的西装对门就标价750元。一个月下来，他仅卖出了8套西装，而对门却卖出800套。

外商看到这一情景非常失望，但当他弄清真相后，立刻决定以巨额年薪聘请农夫，因为对门的那个店也是这位农夫的。

任何事都不是一成不变的，应该养成一种创新的习惯，试着用变通的眼光去把握一切，处处都是创造之地，时时都有创造之机，这样就会发现很多隐藏的机会。

哲学家培根说，人生是一种境界，幸福也是一种境界。一个人到底以什么为幸福、以什么为快乐，不同的人有不同的答案，不同的人有不同的追求。创新就是一种境界和追求，培养创新习惯需要做到：

1. 相信自己有创新的潜能

很多人总认为创新是科学家、发明家的事情。这种人最需要的是改变观念，相信自己有创新的潜能。不妨先从生活中的小事做起，认识创新在生活中的作用和创新给自己带来的快乐，然后再运用到工作中去。

2. 跳出框框思考

框框都是自己设的，只是在当时正确，以后就不一定能适合变化的情势。没有创新就没有发展。因此想要创新，首先要跳出原有的框框，学会按照自己的行动规则和做事风格，用一种求异的思维来寻求新的突破。

3. 以创新为乐

即使创新中有多次的失败，其中也蕴含了深刻的乐趣，这样就可以激活每个人每个细胞的创新活力和创造能力。

时代在创新中前进，社会在创新中发展。人人都把创新作为一种自觉，变成一种习惯，那样就能肩负起时代所赋予的神圣使命。

细节是创新之源

在一些人的错误观念里,创新是始于宏伟的目标、终于备受瞩目的结果,而细节反而成了制约创新的"魔鬼"。然而,细节是创新之源,要想取得创新,就必须要明白"魔鬼存在于细节之中"。为什么细节会成为魔鬼的栖身之地呢?因为人们在工作和生活当中,经常会忽略细节的存在,从而让魔鬼有机可乘。

其实,对于"创新"这个非常时髦的字眼,又何尝不是存在于细节之中。

在国内,许多企业的领导在寻求创新时,不管在技术创新还是在管理创新方面,总习惯于贪大求全,在"大""全"上下功夫比较多,却很少有"于细微处见精神"的细心和耐心。相反,成功的企业家海尔集团总裁张瑞敏在谈到创新时却说:"创新不等于高新,创新存在于企业的每一个细节之中。"事实上,海尔集团在细节上创新的案例可谓数不胜数,仅公司内单以员工的名字命名的小发明和小创造每年就有几十项之多,如"云燕镜子""晓玲扳手""启明焊枪""秀凤冲头"等,并且这些创新已在企业的生产、技术等方面发挥出越来越明显的作用。

日本丰田公司的经验也证明，通过细节的创新可以实现对整个企业的持续不断的改善，从而获得巨大的成效。虽然每一个细节看上去都很小，但是这儿一个小变化，那儿一个小改进，则可以创造出完全不同的产品、工序或服务。如果说创新是一种"质变"，那么这种"质变"经过了"量变"的积累，就自然会完成大的变革和创新。而这种质变却是简单的，让人一看就懂。老子早就说过："天下难事，必作于易；天下大事，必作于细。"企业的经营，只有重视细节，并从细节入手，才能取得有效的创新。

管理大师彼得·德鲁克说："行之有效的创新在一开始可能并不起眼。"而这不起眼的细节，往往就会造就创新的灵感，从而让一件简单的事物有了一次超常规的突破。杜拉克认为，创新不是那种浮夸的东西，它要做的只是某件具体的事。企业要真正达到推陈出新、革故鼎新的目的，就必须做好"成也细节，败也细节"的思想准备。否则，所谓的创新只能是一句空话。所以，创新不一定是"以大为美"，但却绝不能对企业活动中的既不相同却又相互关联的每一个细节掉以轻心。

"灵感"是细节。确切地说，灵感是一种灵光，是人脑具有的一种复杂的心理功能和想象，它是通过人脑中若干信息相互作用、相互联系而展现的一种最佳的思维能力。它的价值前面已经说过了。如何在生活和工作中更多地产生灵感呢？下面所列的一些措施有利于营造激励"灵感"的环境。

首先，你思考问题时要保持一段时期的稳定性，真正深入工作或者生活中的细节，勤观察、勤实验、勤学习、勤思考。经过这段时期所积累的丰富知识和经验，在头脑中反复思考，有可能在某种偶然因素的触发和启示下，激励出创新"灵感"的火花。18世纪初，富兰克林在长期从事电研究的实践中积累了不少知识和经验，虽然当时人们还不能理解电现象，但却给予了他"灵感"，让他想出把电想象成一种电流体，在他最初的解释中，认为这种流体存在于一切物体中，当其处于稳定状态时，物体不带电，流体过多时带正电，流体过少时带负电，但流体趋向稳定，其表现为吸引力，若引力太大则发生火光。由于有这个初步的解释，为日后电学的发展起到了巨大的作用。

其次，经过一段时间的紧张工作后，要有一段短暂的放松休息。这样做不但有利于身体健康，而且有助于你有精力回顾和联想前一段时期积累的经验和知识，在某种环境的触发下，涌现出创新的构思，这时应立即记录下其"灵感"产生的这种新的构想。

最后让你自己在一定时期中有一些时间自由地参加有浓厚学术气氛的争鸣讨论。由于相互争鸣，可使大家的大脑活跃，增强神经的兴奋性和灵活性，这样的生理基础有利于激励"灵感"。尤其要鼓励和支持不同学科、不同学派、不同意见（包括反对意见）的激烈争鸣，这种争鸣包括相互讨论、相互研究、相互交流和发表不同的看法。在这种不同观点、不同方法的开导和启发下，使人们针对所争论的问题更深入地思考、钻研和实践，开拓新思路，在脑海中产生一种新构想，获得更好的创新目标。

第九章　大气者放眼未来，杀伐立断

远见，能打开机会之门

将你自己的远见变成现实不是一蹴而就的事，这个过程就像一次旅程，需要一步步的前行。决定去旅行之后，你首先要做的事情就是确定要从哪儿出发，明确这个出发点以后，才会有之后的规划路线和目的地。

在现实生活中，拥有远见卓识会给我们的生活带来很大的人生价值。

能有远见就会获得巨大的利益，会打开不可想象的机会之门。远见可以使一个人的潜力得到增强，只要人越有远见，潜能就会释放，也就越接近成功。

1. 要想使自己工作愉快就得有远见

成就令人生更有乐趣。当你努力工作，想把工作做得很好时,就没有比这种感觉更觉得愉快的了。它不仅会让你有成就感,还能给你带来乐趣。当那些小小的成绩为更大的目标服务时——例如让你的远见成为现实,那么就更加让人激动。随后的每一项任务都会成为一幅图画的构成部分。

2. 远见让工作产生价值

同样,当我们的工作只是自己实现远见的一部分时,我们的每一项任务就都具有价值,就算是枯燥乏味的任务也会让你有满足感,因为你的伟大目标正在实现中。

这个道理就如同那个在工地上跟三个砌砖工人谈话的人的故事一样。有人问第一个工人:"你在做什么?"工人回答:"我是为了得到工资而工作。"然后他用同样的问题问第二个工人,回答是:"我在砌砖。"可是当他问到第三个工人时,工人很兴奋地回答:"我在建一座教堂!"三个人都在做同样的工作,不过只有第三个工人因为远见不同,所以他看到了那幅宏图,这幅宏图让他的工作产生了价值。

3. 确定你的远见

虽然这个观点看起来很简单,但是若想实现你的远见就得从确定自己远见的出发点开始。对于有些人来说这很容易,因为他们似乎天生就有一种远见卓识。但是对于另外一些人来说,他们必须经过很长的思考,深思熟虑之后才能获得这项本领。

若你想获取成功,就得多考虑几步来确定你的人生远见。当然你的远见并不是别人给予你的,如果那不是你自己的远见,你就不会有实现它的决心和勇气。远见必须以你的才能、梦想、希望与激情为基础。远见是种了不起的东西,它会对别人产生积极的影响——尤其是一个人的远见与他的命运(特别是他存在的目的)不谋而合时。

4. 考察一下你当前的生活

考察当前生活的另一个目的是规划行程,估算此行的费用。通常来讲,你的远见越远,那么你所花费的时间就越长,付出的代价就越大。所以要想实现你的远见需要很大的牺牲。

5. 用自己的远见来安排自己的成长道路

要想实现自己的远见就必须有一条自己的人生发展道路,并且沿着这条道路一直走下去。如果认为自己可以从生活的一个阶段走向另一个阶段而无须改变自己,那是在自欺欺人。若想做事圆满,人生是需要积极的转变的,这是个人的成长过程。

因为个人成长是自己实现远见的必经之路,所以你能制订出的最具战略性的计划是按照你的远见来规划你的成长道路。只要你想一下,要想实现你的理想你现在应该怎么做,然后确定该怎么做,你要成为哪种人,需要学习什么,并且需要看什么书籍,听什么录音带,以及感受一下别人的成长历程等。

6. 常与成功人士接触

个人的成长过程是离不开与人接触的。学习成功的最佳方法就是与成功人士接触,并借此来观察他们,请求他们多指教。慢慢地,你就会跟他们用同样的观念来看待问题。这句古语确实正确:"毛色相同的鸟聚在一块儿。"

7. 不断地表达你对自己梦想的信心

要想实现梦想,就要要求自己不断地努力而且还得发挥更大的冲劲迎难而上,这样才能实现自己的圆满人生。加强韧性与冲劲的方法之一,就是用积极乐观的态度和自信去看待问题,不断地表达自己对梦想的信心。就算是有疑惑,也要让自己集中精力,保持自信,外在的信心会带来内在的信心。但是若你因此失去自信,那么你的梦想就很难实现。

8. 预料到有人会反对你的梦想

必须保持积极心态的另一个原因,是你肯定会遇到持反对意见的人。没有梦想的人是不会理解你的想法的,他们也会对你的梦想有所怀疑,他们觉得你的梦想不会实现。他们会对你说,你的梦想没有一毛钱的价值。或许就算是他们能够理解其价值,他们也会说,虽然会实现,但是并不是由你实现。当你碰到持反对意见的人时,你不必担心也不必怀疑,而是应该有所准备,并且应充满自信,抱着永不消沉的积极心态。

9. 寻找实现理想的途径

为了实现理想,你必须要不停地寻找一切能够助于你的东西。要积极尝试新鲜的事物,寻找任何好的方法和提议,并且善于观察,也许在别的领域里有好的观点,使自己茅塞顿开。集中精力于你的理想,对走哪条道路要有灵活的人生态度观。当然实现理想还需要创新精神,若你对新观念采取消极或者不接受的态度,那么就不会有创新精神。

以上提到的种种方法,都有助于实现你自己的理想价值。但若你不愿意超越你平时的水准,这些方法的作用也不大,只是付出一般的努力是难以实现梦想的。

勇于决断,人生自然与众不同

奥纳西斯是闻名于世的希腊船王,他的成功主要得益于敢于决断。年轻的时候,他流落在阿根廷街头,穷困潦倒。

后来经过努力,发了点儿财。1929年,全世界范围发生了经济危机,当时的阿根廷也不能幸免:工厂倒闭,工人失业,百业萧条,海上运输业首当其冲。一天,他听说加拿大有铁路公司为了渡过危机,准备拍卖家当,其中有6艘货船,10年前价值200万美元,如今仅以2万美元的价格拍卖。他得到这个消息后,决定买下这6艘船。同行们对奥纳西斯的想法嗤之以鼻。是啊,从当时的情况看,海上运输业实在是太不景气了,海运方面的生意只有经济危机之前的1/3,这样的状况谁还会傻得去从事海运业呢?一些老牌的海运企业家都纷纷转行了。然而,奥纳西斯经过一番思考之后,果断决策:前往加拿大,买下拍卖的船只。人们对奥纳西斯的举动瞠目结舌。大家都觉得他太傻了,这不是白白把大把的钞票往海里扔吗?于是,有人偷偷笑奥纳西斯愚蠢至极,也有人悄悄议论说奥纳西斯的精神有点儿问题,一些亲朋好友则劝他不要做赔本的买卖。事实上,奥纳西斯有自己的主意,他是经过缜密的思考才做出决断的。他认为经济萧条只是暂时的现象,一旦危机过去,物价就会从暴跌变为暴涨,如果能趁着便宜的时候把船买下来,等价格回升的时候再卖出去,一定能够赚到可观的利润。

果然不出所料,经济危机过后,海运业迅速回升,奥纳西斯从加拿大买回来的那些船只，一夜之间身价陡增。他一跃成为海上霸主，大量财富源源不断地向他涌来，他的资产成几十倍地激增。1945年，奥纳西斯跨入希腊海运业巨头的行列。

有人说，奥纳西斯的成功是偶然的，但真正了解他的人却不这么认为。一位和奥纳西斯很要好的经济学家评价说："这位希腊人找到了成功的钥匙：勇于决断是通向成功的正确道路。"还有一位经济学家说："他很会到其他人认为一无所获的地方去赚钱。"寥寥数语，道出了奥纳西斯成功的秘密。

任何人的成功都是离不开明智的思考和果断的决策的。当我们有了目标，或想做某一件具体的事情时，都不能犹豫不决。

米美玉毕业于哈尔滨师范大学，原是哈尔滨一家化工厂的化验员。生活中，她过着平凡的日子，安安稳稳，自得其乐。

1993年，当她休完产假准备上班的时候，工厂停产了，作为化验员的米美玉和普通工人一样被迫下岗了。一个大学毕业生，还不到30岁，上班还没有几年就成了家庭主妇，米美玉感觉天都要塌下来了。她开始四下寻找就业的机会。恰好，她所在的街道正在换届选举，公开张榜招聘一个居委会主任。米美玉看到了招聘启事，心想：这都是老头儿和老太太们干的事情，和我一个大学毕业生没有什么关系。可是，有人对米美玉说：你最适合干这个工作了，现在之所以搞公开招聘，就是要提高居委会干部的基本素质。但也有人说：居委会主任是一个出力不讨好的差事，没有级别，待遇又低，整天婆婆妈妈地和居民打交道，月薪又不高，有什么意思？

去不去应聘呢？米美玉思索着。看来，每一个人都是离不开决策的。到底应该怎么办呢？在命运的转折时期，要做出一个决定来是非常不容易的。但是，这又是任何人都无法回避的。

最后，米美玉做出了决断，她背着丈夫报名参加了竞选，并成了哈尔滨市道里区正阳河街12号居委会的主任。

万事开头难，经过一段时间的锻炼，米美玉渐渐地适应了新的工作岗位。她变得大胆、泼辣、踏实，干起工作来不计较个人的得失。在12号居委会，提起米美玉，几乎每个居民都称赞他们有个好主任。米美玉用自己的行动证明了她的能力。

从米美玉的成功中我们可以看到，不仅大公司的老板需要有决断能力，普通人同样需要具备当机立断的能力，只有敢于决断，善于决断，才能把握时机，取得成功。无论是战场、商场，还是人生中，都是如此。

英雄险中求胜,懦夫坐失良机

有这样一句话:历史的道路不是大街上的人行道,它完全是在田野中前进的,有时穿过尘埃,有时穿过泥泞,有时横渡沼泽,有时行经丛林。

生活只有在寡淡无味的人看来才是空虚而平淡无味的。

1990年,在温布尔登举行的网球锦标赛女子组半决赛中,16岁的前南斯拉夫选手塞莱丝与美国女选手津娜·加里森对垒。随着比赛的进行,人们越来越清楚地发现,塞莱丝的最大对手并非加里森,而是她自己。赛后,塞莱丝垂头丧气地说:"这场比赛中双方的实力太接近了,因此,我总是力求稳扎稳打,只敢打安全球,而不敢轻易向对方进攻,甚至在加里森第二次发球时,我还是不敢扣球求胜。"

而加里森却恰恰相反,她并不只打安全球。"我暗下决心,鼓励自己要敢于险中求胜,决不能优柔寡断、犹豫不决。"津娜·加里森赛后谈道,"即使是失了球,我至少也知道自己是尽了力的。"结果,加里森在比赛中先是领先,继而胜了第一局,后来又胜了一局,最终赢得了比赛。

当遇到严峻的形势时,人们习惯的做法是小心谨慎,保全自己，而结果呢？不是考虑怎样发挥自己的潜力，而是把注意力集中在怎样才能缩小自己的损失上。正像塞莱丝的经历一样，这种人的结果大都会以失败而告终，错过胜利的机会。

生活中常有这样的现象，同样一件事，因为存在一定的风险，甲经过细算，认为有60%的把握，便抢占时机，先下手为强，因而取胜。乙在谋划时过于保守，认为必须有90%甚至100%的把握才下手，结果坐失良机。

任何领域的领袖人物，他们之所以能够成为顶尖人物，正是由于他们勇于面对风险。美国传奇式人物、拳击教练达马托曾经一语道破玄机：“英雄和懦夫都会恐惧，但英雄和懦夫对恐惧的反应却大相径庭。”

吉姆·伯克晋升为美国翰森公司新产品部主任后的第一件事，就是要开发研制一种供儿童使用的胸部按摩器。然而，这种产品的研制失败了，伯克心想：这下可要被老板炒鱿鱼了。伯克被召去见公司的总裁，然而，他受到了意想不到的接待，"你就是那位让我的公司赔了一大笔钱的人吗？"总裁问道，"好，我倒要向你表示祝贺，你能犯错误，说明你勇于冒险。而如果你缺乏这种精神，我们的公司就不会有发展了。"数年之后，伯克本人成了翰森公司的总经理，他仍牢记着前总裁的这句话。

勇于险中求胜，我们就能比我们想象的做得更多更好。在勇冒风险的过程中，我们就能使自己的平淡生活变成激动人心的探险经历，这种经历会不断地向我们发出挑战，不断地奖赏我们，也会不断地使我们恢复活力。

香港商人陈玉书在他的自传《商旅生涯不是梦》里指出："我的致富秘诀在于大胆创新、眼光独到。譬如说，房地产市场我看好，别人看坏，事实证明是好，我能发大财；反之，我看好，别人看坏，事实证明是坏，我便要受大损失，甚至破产；如果大家都看好，我也看好，事实证明是对了，则也仅仅能糊口而已。"

精明的人能谋算出冒险的系数有多大，同时做好应付风险的准备。世界的改变、生意的成功常常属于那些敢于抓住时机，适度冒险的人。有些人很聪明，对不测因素和风险看得太清楚了，不敢冒一点儿险，结果聪明反被聪明误，永远只能平庸而已。实际上，如果能从风险的转化和准备上进行谋划，则风险并不可怕。

生命运动从本质上说就是一种探险，如果不是主动地迎接风险的挑战，便是被动地等待风险的降临。

有限度地承担风险，无非带来两种结果：成功或失败。

如果我们获得成功，我们可以提升至新的领域，显然这是一种成长。就算我们失败了，我们也可以很快清楚为什么做错了，学会以后该避免怎么做，这也是一种成长。

事实上，鼓励尝试风险的社会环境，有助于培养个人不满足于现状、勇于进取的精神，也有利于提高个人对市场变动的敏锐感。一个人往往在冒险并盘算着该做什么时，成长最快。一位日本专家指出：人类在长期的历史过程中学到了很多智慧，也拥有了很多智慧，这能给人以更大冒险的可能性。但是，即使有可能性，也不能断定所有的人都敢于冒险。

要敢于冒险，敢于尝试。只有这样，才会创造并把握住更多的机会。

先下手为强，后下手遭殃

成功者看准机会就出手，如同狼扑杀猎物一般迅雷不及掩耳，令人防不胜防。有的人，做事时素来以心狠手快著称。他们善于盯住时机，大胆出手，因此成了成功者。大多数成功的人，都是雷厉风行，做事果断，从不拖泥带水。他们懂得，踌躇不决是浪费时间与机会，知道"先下手为强，后下手遭殃"，所以他们勇往直前，从不落后于人。失败者总是想得太多，瞻前顾后，容易陷入犹豫不决的狐疑之中，导致坐失良机。

摩根少年时代开始游历北美西北部和欧洲，并在德国哥西根大学接受教育。从哥西根大学毕业后，摩根来到邓肯商行任职。摩根特有的专业素质使他在邓肯商行干得相当出色，但他的过人的胆识与冒险精神，却经常害得总裁邓肯心惊肉跳。

一次，在摩根从巴黎到纽约的商业旅行途中，一个陌生人敲开了他的房门："听说，您是专搞商品批发的，是吗？""有何贵干？"摩根感觉到对方焦急的心情。

"啊！先生，我有件事有求于您，有一船咖啡需要立刻处理掉。这些咖啡是一个咖啡商的，现在他破产了，无法偿付我的运费，便把这船咖啡作为抵押。可我不懂这方面的业务，您是否可以买下这船咖啡？很便宜，只是别人价格的一半。"

"这事很着急吗？"摩根盯住来人。

"是很急，否则这样的咖啡怎么这么便宜。"说着，对方拿出了咖啡的样品。

"我买下了。"摩根瞥了一眼样品后答道。"摩根先生，您能保证这一船咖啡的质量都与样品一样吗？"他的同伴见摩根轻率地买下这船还没全部验看质量的咖啡，在一旁提醒道。

这位同伴提醒的并不假，当时，经济市场混乱，坑蒙拐骗之事屡见不鲜，光在买卖咖啡方面，邓肯公司就曾数次遭人暗算。"我知道，但这次是不会上当的，我们应该践约，以免这批咖啡落入他人之手。"摩根相信自己，也相信自己的眼力。当邓肯听到这个消息时不禁吓了一身冷汗："这家伙拿邓肯公司开玩笑吗？"邓肯严厉指责摩根："快去，把交易给我退掉，否则损失由你自己赔偿！"摩根与邓肯决裂了。摩根决心一赌，在父亲的帮助下，摩根还了邓肯公司的咖啡款，并经卖咖啡人的介绍，又买下了几船咖啡。就在摩根买下这批咖啡不久，巴西咖啡遭到霜灾，大幅度减产，咖啡价格上涨两三倍，而摩根的咖啡囤积居奇，出售价格翻出收购价格几倍，摩根赚了个盆满钵满。

商场犹如战场，机会稍纵即逝。当一般人还在瞻前顾后时，成功者早已捷足先登了，这就是成功者与平庸者之间的差距。今天就是最后一天，永远不要等待明天，因为没有人知道明天会是什么样子。等待只会是浪费时间，让机遇悄悄溜走。你只有认识到这一点，遍地都会是机遇，到处都有财富。

那么，你应该怎样培养自己的果断决策能力呢？以下是几点建议：

1. 丢掉患得患失的心态

很多人渴望成功，却害怕失败的后果。或者说害怕付出过多的代价，不愿意付出超常的努力，结果在患得患失中随波逐流，成功的渴望也将永远是一种渴望。你要培养自己的果断决策能力，就要抛弃这样患得患失的心态。

2. 丢掉对困难的畏惧

在行动之前，每个人都会盘算成功和失败的可能性。但如果不能把握一个尺度、一个分寸、一个火候，因噎废食，就会错过最好的时机。

3. 战胜拖延的习惯

当一个人让拖延成为自己的习惯时，通常是很危险的。对于整个人生来说，一拖再拖，结果当然是一事无成。再好的计划，如果一直拖下去只能是一张废纸，再好的理想，如果迟迟不付诸行动也只能是大梦一场！

勇气，将带你走得更远

生活并不是一条人工开凿的运河，不能把河水限制在一些规定好的河道内。作为一个人，要是不曾经历过人世间的悲欢离合，没跟生活打过交道，就不可能懂得人生的意义。

人生三气 赢在和气 毁在脾气 成在大气

勇敢地踏上人生的旅途吧！前途很远，也很暗，然而不要怕，不怕的人的面前才有路。不要轻易地放弃生活，命运有时会让你无助，可你不妨睁开眼睛，放眼世界，你会发现原来生活是时时充满希望的，只不过你自己不想去尝试罢了。给自己一些信心去面对人生，也许会有不一样的收获。生活对于勇士从不吝啬，大胆憧憬吧，一切皆有可能。

人们常说机遇是给有准备的人的，但任何准备都是有前提的。人们无法相信一个面对挑战毫无勇气可言的人能支撑到机遇的来临。勇气的内涵是一种信念、一种执着，尤其是在竞争激烈的环境中，只有那些充满勇气的参与者，才有可能获得机遇。机遇对于任何人来说都是平等的，无论遇到何种挑战，机遇总会被那些充满勇气的人获得。机遇与挑战也是一对孪生兄弟。

这个时代或许是个贪图安逸的时代，因为许多年轻人在职业选择之初，往往只关心待遇的丰厚程度，只关心生活的舒适与否。所以在招聘会上，那些待遇从优、工作压力小的职位成为众人追捧的热点，而辛苦的、技术性的工作往往无人问津。或许生活让大家越来越现实，可是倘若在择业之初就避重就轻，一下子让自己进了安乐窝，那么未来几十年的职业道路将在怎样一种浑浑噩噩的状态中度过？如果一开始就习惯于选择没压力、没挑战的工作，那么接下来的几十年里，是否会在惯性的作用下故步自封，甚至走下坡路？只有像贝里斯这样敢于选择挑战的年轻人，才能够胜任不寻常的工作，并且不断攀登事业的高峰。

不仅职业选择时如此，生活中也是如此，追逐理想的过程更是如此。成功者不仅要有战胜困难的能力，更要有迎难而上的勇气。成功只偏爱那些永不气馁、不轻言放弃的人，也偏爱那些斗志昂扬、勇往直前的人。

著名主持人杨澜在事业高峰期选择了去美国留学，继续学习深造。这是一个让许多人都震惊的决定，放弃闪光灯的聚焦，放弃鲜花和掌声，放弃众人瞩目的生活，在做出这样的决定时，她必定面临着许多的不解、质疑与反对，但她还是勇敢地放弃了一段旧的人生历程，开始了自己新的生活与奋斗。果然，回国以后她又开创了新的事业高峰。

作为一个女人，一个敢想敢做、敢选择敢放弃的女人，她实在很了不起。在人生的旅途上，背负着过去的成果或失败的阴影都是很累的。只有勇敢的人，才会拥有一个轻松愉快的旅程。生活原本是单纯而快乐的，只因为人们不懂得勇敢去追才会产生许多痛苦。当自己勇敢起来时，就释放出了新的空间，天与地因此豁然开朗，生命也会呈现出截然不同的景致。

代表地球人飞向火星的飞行器原来的名字叫"火星探测巡游车 A"和"火星探测巡游车 B",它们飞向火星的任务就是寻找火星上是否存在着生命所必需的水,求证人类在宇宙中是否孤独。为了使这对孪生火星车能够更多地传达出人类的希望和梦想,2003 年美国宇航局向社会征集这两个火星车的名字。

在征集到的近千个方案中,美国宇航局最终选定了一个名叫索菲·考利斯的 9 岁小姑娘的提案,于是这对孪生火星车就有了"勇气"和"机遇"这两个名字。小索菲出生在俄罗斯的西伯利亚,出生后就生活在孤儿院里,但是在她心里始终保存着一个飞天的梦想。2 岁时,索菲被领养并带到美国。如今小索菲的飞天梦想虽然还没有实现,但是由她命名的航天飞行器却已到达了火星。的确,探测火星是需要勇气的,而成功与否也依赖机遇。

敢于面对困难,才能想出解决办法,才能不断进步。

看准了就行动,别拖泥带水

我们不能完全确定或保证任何一件事。成功人士和失败之人的区别并不完全在于自身能力和听取意见的好坏,而是在于自身的判断力,自己是否有敢于冒险和付出实际行动的勇气。

有一句古谚语是这样说的:"机会老人先给你送上他的头发,如果你一下没有抓住,再抓就会撞到他的秃头了。"不错过任何机遇,在机遇来临时准确地把握,对任何一个想要成功的人来说都至关重要。

美国有一位著名的商业大亨,他在一次访谈中谈到自己成功的经验时说:"哪怕只有万分之一的可能,都不要放弃。"西班牙知名作家塞万提斯曾经说过:"取道'等一等'之路,常走入'永不'之室。"在追逐成功的道路上,原地观望或裹足不前,都有可能与机遇擦肩而过。

机遇来去匆匆,就是一瞬间的事情。如果你也想取得一番成就,那你就要敢于冒险、敢于挑战,因为成功的主要因素便是善于冒险和挑战,它是大多数人成功的诀窍。对于经商之人来说,生意本身就是一种挑战,一种想战胜他人赢得胜利的挑战。所以，很多经商之人都有着强烈的冒险意识。"一旦看准，就立即下手"这句话已经成为许多成功的经商之人的经验之谈。

第二次世界大战刚刚结束时，以美、英、法为首的战胜国首脑们经过多次商谈，一致决定在美国纽约成立一个国际性组织，专门负责协调、处理世界事务。决定一经下达，下面的人便着手准备，等到一切准备就绪之后，才发现这个全球至高无上、最权威的世界性组织，没有自己容身的地方。

买一块地皮？由于刚刚成立，这个世界性组织拿不出一分钱。让世界各国帮助出钱？刚刚成立，就要向世界各国分摊资金，负面影响太大。况且刚刚经历了"二战"的摧残，世界各国政府都自身难保，许多国家出现多次财政赤字，想要在寸土寸金的纽约筹资买下一块地皮，简直比登天还难。联合国为这件事伤透了脑筋。

美国著名的家族财团洛克菲勒家族得知这个消息后，经过整个家族的商谈，决定拿出800多万美元，在纽约买下一块地皮，将这块地皮无条件地赠予这个刚刚挂牌的国际性组织——联合国。说做就做，洛克菲勒家族看好了一大块地皮，并将它买了下来。

当时，美国有很多家族财团，他们对洛克菲勒家族的这一举动纷纷吃惊不已。800多万美元,即使是对一些国家来说,都是一笔不小的数目,而洛克菲勒家族却选择无条件地将它赠予。当这条消息刚刚传出去后,美国许多财团主和地产商都带着嘲讽的语气,说:"这一举动简直是愚蠢至极!"并纷纷断言:"相信过不了10年,著名的洛克菲勒家族财团就会变得一贫如洗,成为笑话!"

但出乎所有人意料的是,联合国大楼刚刚完工,附近的地价就上涨了起来,而有着先见之明的洛克菲勒家族财团早已购得了附近的地皮。因此,大量的钱财源源不断地涌入了洛克菲勒家族财团。这种结局令那些曾经讥讽和嘲笑洛克菲勒家族捐赠之举的财团和商人大吃一惊。

在决定人生前途和命运的关键时刻,决不能有一丝犹豫和徘徊,必须果断地做出决定,决定是要冒险还是要放弃。洛克菲勒家族敢于冒险,所以才成了赢家。

富人就是"风险管理者"。他们深知机不可失,时不再来。面对风险,敢于冒险,说不定就会一鸣惊人!有时候就是风险越大,获得的钱财就越多,尤其是对于一个还没有人涉足的领域,作为开拓者就更要冒险。

"财富往往会光临勇敢的人",冒险是一种勇气和魄力,想要成为人上人,想要取得一番成就,就要敢于冒险。

人生三气 赢在和气 毁在脾气 成在大气

这样的故事有很多，我们能够清晰地掌握其中的道理，但一旦真遇到，又是那么的沉不住气。不能坚守，乃是由于我们不自信。我们在本该放手一搏的时候，却犹豫彷徨。

在这个信息发达、科技创新的时代，信息就代表着机遇，机遇就会成就财富。只有那些习惯重视金钱、善于捕捉商机、勇于冒险、不断创新的人才能有机会为自己赚得无数桶金，才能财源滚滚。

每个人都有改变自己的机会。但是，大部分人却不能抓住机会，成就自己的梦想。他们与机会擦肩而过，为自己的人生留下遗憾。为什么在机遇之前却裹足不前了呢？原因就在于机遇涉及了冒险，所以过分谨慎就成了这些人的人生中最大的障碍。

这些人并不是没有能力，他们也深知自己的潜力，但缺乏冒险的精神。于是，他们在没有他们能力强的人面前甘愿屈居下风。因此，虽然他们有时也有一些"赚百万元的念头"，但只是想想罢了。如果你想要成就自我，就要敢于冒险和挑战，抓住每一次机遇，只有这样才能更好地拓展流光溢彩的人生！